人生不必被安排

鲁细细 著

华中科技大学出版社
http://www.hustp.com
中国·武汉

图书在版编目 (CIP) 数据

人生不必被安排 / 鲁细细著 . —武汉：华中科技大学出版社，2021.3
ISBN 978-7-5680-6957-1

Ⅰ . ①人…　Ⅱ . ①鲁…　Ⅲ . ①人生哲学 – 青年读物　Ⅳ . ① B821-49

中国版本图书馆 CIP 数据核字 (2021) 第 026538 号

人生不必被安排　　鲁细细　著
Rensheng Bubi Bei Anpai

策划编辑：陈心玉　隋达颖
责任编辑：陈心玉
封面设计：屿　心
责任校对：李　弋
责任监印：朱　玢
出版发行：华中科技大学出版社（中国·武汉）　电话：(027)81321913
武汉市东湖新技术开发区华工科技园　邮编：430223
录　　排：华中科技大学惠友文印中心
印　　刷：湖北新华印务有限公司
开　　本：787mm×1092mm　1/32
印　　张：6.25
字　　数：106 千字
版　　次：2021 年 3 月第 1 版第 1 次印刷
定　　价：39.90 元

华中出版

本书若有印装质量问题，请向出版社营销中心调换
全国免费服务热线：400-6679-118　竭诚为您服务

序

你好，我是鲁细细。

我不是什么大作家，这是我的第一本书。

说来也有些羞愧，自己何德何能能够著书立说。

我真的是一个太普通的女生了，小时候性格内向，是班里的“受气包”；中学时成绩不好，全年级1500多人，我常排1000名以后；大学只考上了三本，每天浑浑噩噩，自怨自艾……

在20岁之前，我从未有过梦想，因为打心底里觉得自己不配拥有。

直到我开始写作，我才发现，读者中原来有这么多我的同类。她们不漂亮，不聪明，情感也不够细腻，赤手空拳地行走在这世上，每一步都跌跌撞撞。

可即便如此，她们依然爱笑、爱闹，依然不甘平凡，想要努力活得更好。

我为什么不试试呢？

于是，原本安于小城市的我，辗转来到了北京。

这三年中，我住过面积只有8平方米的出租屋，房门一推开就能看到床，连落脚的地儿都没有；也在凌晨赶过稿，大冬天困得睁不开眼，灌下一杯冰水让自己保持清醒；当然也曾动过放弃的念头，连行李都差点打包好了，但好在，我最终坚持了下来。

咬牙走过荆棘之路，才发现一切别有洞天。

《人生不必被安排》，这书名听起来有些像“心灵鸡汤”，但我想表达的是：每个人都有自己的人生，并且没有幸运与不幸运的区别，只有主动和被动的区别。

与其被动等待命运的馈赠，不如主动去“折腾”，去争取。

我没有什么真知灼见，只有一些从个人经验出发的观点，希望通过这本书来与你分享。

对于现在拥有的一切，我心怀感恩，也会在未来的日子里继续保持对生活的热忱。

最后，祝愿此刻捧书阅读的你，能够在自己的人生里活得热气腾腾。

鲁细细

2020 年 1 月 14 日

目录

1. 你不必过被安排的人生

2.

职场需要温柔的「狠女人」

3.

爱情这件「小事」

1. 你不必过被安排的人生

『稳定的人生』是一种诅咒吗

人是环境的产物，在安逸的环境中，你会本能地觉得舒服，但若你的心并不安分，这份“舒服”便成了煎熬，这是能力配不上野心时的焦虑，要不了命，但诛心。

今非昔比，如今早已不存在稳定的工作了，因为稳定意味着不会发生变化，而这个时代，唯一不会变的就是变化本身。

一

“你为什么会来北京？”这是每次面试时都绕不开的一个问题。

面对面试官时，自然可以说一些冠冕堂皇的话搪塞过去，但被问得多了，自己难免会认真地想一想。

记得刚毕业那年，我通过校园招聘进入了长沙的一家上市公司。拿着高于平均水平的薪资，住着免费的员工宿舍，每天下午 6 点准时下班，回宿舍撸串看剧，不得不说，简直舒服极了。

可没过多久，我就开始焦虑。

因为我发现，这家公司真的太“稳定”了：

如果你不犯什么大错，薪资就是每半年调整一次，一次涨 500 元；

在公司待了 5 年，但没什么成绩的员工，也能凭着资历当上业务组长；

连续亏损的产品部门也毫无危机感，办公室内一片祥和，同事们也都满面春风。

这种舒服和稳定，总让人觉得哪里怪怪的。

二

三个月之后，我开始审视自己的简历，除了好看的学历，工作经历的部分一片空白，就算包装得好看一些，有经验的HR也能一眼看穿。

我开始在招聘网站上查看同类岗位的任职要求，数据分析、用户分析、文案撰写……别说熟练掌握了，我连具体的工作内容是什么都不清楚。

这下，我慌了。

都说温水煮蛙，我清醒地意识到自己就是那只蛙，再不有所行动，只能是被环境推着走。

我勉强包装了一份还算漂亮的简历，开始海投，一顿操作后发现，还是白费功夫。

好不容易等到一个回复，却要求我去北京面试。然而那时候的我是买不起机票的，只能坐20个小时的火车赶去北京。

现在跟别人提起那段经历，多少觉得有些心酸。可那时候，那种对未知的好奇，对未来的期许，对理想生活的憧憬，让我丝毫觉察不到身体的劳累，只觉得心脏都要变成一只麻雀，兴奋地快要飞出来。

三

入职北京的公司之后，日子当然也没有更好过，每天加班到深夜是常有的事，也常常会因为难啃的项目而感到焦虑，甚至整夜失眠。

但你若问我：让你重新回到之前的生活，你愿意吗？

我会毫不犹豫地回答：不愿意。

舒服的时候会焦虑，紧张的时候也会焦虑。虽然同样是焦虑，却也有本质上的区别。

人是环境的产物，在安逸的环境中，你会本能地觉得舒服，但若你的心并不安分，这份“舒服”便成了煎熬，这是能力配不上野心时的焦虑，要不了命，但诛心。

相反，在竞争激烈的环境中，每天扑面而来的都是新鲜事物，不进步，就是在退步。常常竭尽全力也只是为了保住饭碗而已，这是对自我成长的焦虑，磨炼心性，催人奋进。

四

其实我也曾疑惑，我们这一代人，可能 90% 的人都听父母念叨过：将来毕业了，回来找个稳定的工作，是最好不过的了。

如果所谓的“稳定”是这么不堪，那么难道父母是在害我们吗？

答案当然是否定的。

父母那一辈，大多经历过物资匮乏的年代，吃不饱，穿不暖，今天把钱花掉了，明天都不知道该怎么活。

所以，生活对他们的教育结果，就是让他们认为：端起“铁饭碗”，才是最牢靠的保障。

基于这样的生活经验，他们也会告诉孩子：考个公务员、当个老师、进入国企，过安枕无忧的生活，才是一生的幸福。

可是，时代在变化。

过去，能进入银行工作，简直是人人羡慕的对象。而如今，由于移动支付的崛起，自 2017 年起 26 家上市银行共裁员 3.5 万人。

过去，能进入世界 500 强企业，就意味着这辈子吃喝不愁了。而如今，连互联网巨头公司甲骨文也开始裁员。

这批丢了工作的职员，清一色名校出身，人均年龄 37 岁。多数人上有老下有小，名下还有房贷和车贷。

很多人抱怨公司太无情，却几乎没去想过，市场环境在变化，公司在壮大，自己的能力是否还能够匹配公司的需求。

过了 30 岁，不再有激情，每天按部就班，抱着“做一天和尚，撞一天钟”的态度工作。

结果就是，工作几年后，只长工龄，不长能力，导致公司人效比大大降低。

今非昔比，如今早已不存在“稳定的工作”了，因为稳定意味着不会发生变化，而这个时代，唯一不会变的就是“变化”本身。

五

另外，关于稳定，我还想探讨一个问题：假设现在真有一份稳定的工作，薪资不高不低，当然也不会有太大涨幅，保证你到退休都不会失业，你愿意做吗？

如果是我，我肯定不愿意。

原因很简单，我从入职的第一天起就能估算出我这辈子能够赚到多少钱。真的没意思。人生不仅是一眼就能望到头，还失去了各种可能性。

不必幻想周游世界，因为你没钱也没时间；不必奢望有朝一日能够出人头地，因为工作的天花板就摆在那，一抬头就能看见；更不必期盼孩子能逆袭，因为父母的眼界就是孩子所能到达的边界。

失去可能性的人生，真的很可怕。过去，“稳定的人生”是一种祝福，如今，“稳定的人生”几乎是一种诅咒。

但也不必恐慌，“稳定”可能意味着一潭死水，而“变化”却意味着机会不断。

就拿工作来说，过去有了编制就等于有了“铁饭碗”，但编制是稀缺资源，非常难获得；而如今只要你有一门过硬的本领，机会是源源不断的。

我的朋友圈里有几位自由职业者，他们靠写作、摄影、拍视频为生，不用坐班，工作时间也不固定，在外人看来他们的生活似乎朝不保夕，但实际上，他们中很多人的能力相当出色，月入过万的大有人在。

说到底，稳定的工作早已不重要了，重要的是获取稳定收入的能力。

社会发展日新月异，唯有不断学习、拥抱变化的人，才可能成为赢家。

每天素面朝天，真的不值得骄傲

其实并不是这个世界以貌取人，而是你所处的环境实际上是一面镜子，你展示给它什么状态，它就给你什么样的反馈。

职场、生活莫不如此：一个成功的形象不一定让你成功，但一个失败的形象一定会让你很失败。

有次午间和几位同事聚餐，席间有位应届毕业的小姑娘。我们聊工作的时候，她缄默不语，我们聊到化妆品时，她开了腔：

“化妆就是女人欺骗了自己，再欺骗别人。我就从来不化妆，我觉得这样挺好的。”

听出她语气中透露出的几分优越感，我忍不住抬头将她打量一番，的确是货真价实的纯素颜：肤色不均，毛孔粗大，脸颊油腻，还有浓重的黑眼圈。若不是她自我介绍说自己是97年的，我都不敢相信这是一个90后。

其实，不只是她，生活中这样的女生还挺常见，觉得素颜才是真实的美，殊不知在旁人眼里，她只不过是一个形象邋遢的懒姑娘罢了，与“美”这个字完全不沾边。

二

日本某节目曾做过这样一个街头实验：让一个衣着随意、面目素颜的女生去街头找路人借钱，结果屡屡遭拒绝。

之后，化妆师给她精心打扮一番，结果大不相同——几乎每一个路人都对她伸出援手，甚至有男士多借给了她2000日元。

可见，优质的形象，是人与冷漠世界对抗的重要武器。

有段时间，我负责公司的第二轮面试。因为是编辑岗位，所以应聘者女生居多。

不瞒你说，那些顶着素颜就来面试的女生，我总会忍不住在心里偷偷给她扣分。

素颜，传递给我的信号就是：你对自己没要求。

对自己没要求的人，是低欲的。在生活层面来说，低欲让人活得简单而快乐；但从工作层面来说，低欲的人往往缺乏野心。

我想，应该没有哪位老板，希望自己的员工没有野心，只着眼于自己的一亩三分地。

人与人的交往，从来都是始于颜值，再陷于才华。你无法让人在 3 秒之内喜欢你，就要用 3 年的时间证明自己。

我也常听到有人说：当你精致漂亮时，全世界都对你和颜悦色；当你不修边幅时，你也会感受到更多恶意。

其实并不是这个世界以貌取人，而是你所处的环境实际上是一面镜子，你展示给它什么状态，它就给你什么样的反馈。

二

朋友林林就曾有过一次这样的经历。平日里习惯素颜的林林，总觉得化妆麻烦，从不研究化妆。一次她和网络上交流了很久的一位男生相约见面，她私心想着：能接受我素颜样子的男生，才是真正值得交往的人。

于是，她就真的素颜去赴约了。

约会期间两人也相谈甚欢，可遗憾的是，分别后，男生就很少再给她发信息了。

这下林林急了，生怕是自己说错了话惹得对方不悦。过了大半个月，她终于忍不住了，给男生发信息，想问清楚缘由。

可对方的回答，完全出乎她的意料："我以为你不喜欢我。"

林林十分诧异："我没有不喜欢你呀！你从哪看出来的？"

男生诚恳地回答："女生见自己喜欢的人不是应该精心打扮吗？可我们约会那天，你却素面朝天，当时我就知道自己没戏了。"

林林这下百口莫辩，只能默默为自己的失策买单。

职场、生活莫不如此：一个成功的形象不一定让你成功，但一个失败的形象一定会让你很失败。

虽然，看人不能只看外表，但没有人有义务必须通过你的邋遢外表，去发现你的优秀内在。

一直相信一句话：一个尊重他人，也尊重自己的人，是不会允许自己外表邋遢、形象憔悴的。即使年华老去，也要活成优雅的姿态。

三

化妆，是女人给自己的仪式感。

每天清晨醒来，梳洗化妆，看着镜子里自己精致的妆容，感觉全身的细胞都被唤醒，开启元气满满的一天。

妆容，是女人最坚实的铠甲。

曾看到一位博主讲了这样一个故事：在陪妈妈住院做化疗的那段时间，临床的年轻女孩引起了她的注意。

女孩看上去二十五六岁的年纪，却被告知患了癌症。住院不过数月，她剪去了一头乌黑的秀发，容貌也变得枯槁。

可她却央求妈妈买来了假发和口红。

每天，她戴上假发，对着镜子涂抹口红时，你无法把她和癌症患者联系在一起。

她上扬的嘴角，闪光的眼睛，都在绽放无限的生命力。

想来，化妆打扮，是多么自欺欺人的一件事，可这就像要上战场冲锋陷阵的士兵一样，化妆亦如身披铠甲。

有了铠甲就真的能抵御伤害吗？倒也未必。

可有了铠甲，就真的能变勇敢了。拿起武器，坚定信念冲向战场，奔赴自己那未知的命运。

对于女人来说，未尝不是如此。

化妆的女人，向世界展现的不仅仅是美，也是一种不服输的姿态。

就像热播美剧《了不起的麦瑟尔夫人》中的女主角那样，每天保持妆容精致，口红不离身。她过着不将就的生活，也有着“开挂”的人生。

就像沉寂多年又复出的张韶涵，她在《歌手》中惊艳亮相，美出天际。因为美得闪闪发光，她还成了“带货女王”，她用的高光、眼影、口红，都备受追捧。

好看的妆容不仅体现一个女人不将就的生活态度，还展现了她根植于内心的倔强和张扬在脸上的自信。

从今天开始，给自己化个美美的妆吧，你的运气一定会比昨天更好！

被体重数字绑架的中国女人

人最重要的不是外界对你的评判，而是你内心对自己的接纳。

对主流审美的一味迎合，并不一定会得到主流审美的认同，反而会被其所抛弃。

dieter

作为一个一百多斤的姑娘，我被人问过最多的问题就是：你有在减肥吗？

估计不仅是我，许多体重过百的女生，几乎都把减肥作为人生“主旋律”：节食、吃药、戒糖，把自己弄得痛不欲生。

我也曾在减肥的路上踉跄前行，试过半年不吃晚饭，后来瘦了 10 斤，结果一开始吃，就胖了回来。

于是我查阅各种减肥科普资料，最后发现了一个惨痛的事实：胖瘦这件事是“七分天注定，三分靠打拼”，我们能做的改变实在太有限了。

那为什么还有那么多姑娘嚷嚷着减肥呢？

我想原因只有一个：这个时代的审美实在太单一了。

一

记得我妈跟我说过，她们那个年代压根没有“减肥”这个词。

并不是说那时候没有胖子，而是大家都没把胖瘦当回事，也没把瘦当作美的唯一标准。

可今非昔比，如今体重过百的女明星都是会被嘲笑的，即便是普通女生，体重过了百，走在美女堆里，都有“矮人一截”的羞愧感。

但我真想发自内心地问一句：这样的审美是好的吗？

我个人认为不是的。

审美的单一，必然会削弱社会审美的丰富性和包容性。

比如早年间，出于对西方文化的包容，深邃的眉眼开始被人们广为接受。

为了迎合这样的审美，无数女孩前赴后继，割双眼皮、垫高鼻梁，甚至不惜动刀削骨。

可毕竟物以稀为贵，等到人人都成了这种“普遍意义”上的美女之后，我们又开始觉得：好像哪里不对。

然后我们发现：哦，她们好看是好看，但是美得不够“高级”呀。哎，都是些“网红脸”，庸脂俗粉。

麻烦解释下什么叫“高级”，当初不是你们规定这样的就算“美女”吗？

发现了吗？

一味迎合主流审美，并不一定会得到主流审美的认同，反而会被其所抛弃。

二

审美这件事，说到底还是主观的。

不同的社会形态，会催生出不一样的审美。

就拿我自己来说吧，由于天生骨架大，即便瘦了，看着依然不苗条。

在很多南方妹子眼里，我简直可以称得上是“五大三粗”。

之前的工作环境中，我周围也都是些娇小型的女生，因此我常常被她们调侃。

可直到去年，我认识了一位瑞典朋友，他竟然称我为“小朋友”。

原来，在他的朋友圈，女生很少有身高一米七五以下的，我的体型真的算是很“迷你”了。

一位朋友也跟我说过同样的事。

她在国内的时候，也常常被人说“壮”，这使得她从来不敢穿无袖的衣服，平时穿衣打扮也以“遮挡”为主。

直到她去了英国留学才发现，像她这样经常健身的力量型女生，真的很受欢迎。那儿没有人把“瘦”挂在嘴边上，人们欣赏的是自信张扬在脸上、阳光根植于心底的姑娘。

三

在以瘦为美的社会里，不知你有没有过这样的体会：人一胖，就会感受到来自其他人的恶意。

主持人马东在节目里说过，有一次他去商场买衣服时，因为胖而被导购直接带去大码服装区。

导购看似无心的举动，实则深深地伤害了他的自尊心。

很多产后妈妈对此更是深有体会。

产后身材走形，不仅被老公嫌弃，还不敢出门，只觉得自己是个生育机器。

持续的低价值感，是产后抑郁的重要诱因。

不仅如此，胖的人似乎在职场也会被排挤，在婚恋市场也是被挑剩的对象。

更可怕的是，人们逐渐对胖的人都有了刻板印象：只要你胖，就说明你懒。

对女性则更为苛刻：只要你不瘦，就说明你对自己没要求。

我还曾看过一个有趣的调查：85%的人都认为，体型胖的人普遍性格更好。

表面上看，这项数据多么和谐友好。

但背后的真相，让人深思。

为什么胖的人普遍性格更好？

因为他们往往从小就是同学们嘲笑、欺负的对象，他们若再不宽容一点、妥协一点、有趣一点，根本没人跟他们做朋友。

当然，审美既然是主观的，“瘦”当然也可以被称为一种“审美”，但我更希望这种审美是“个人的”，而不是“群体性”的。

因为当个性化的观念被群体盲目推崇，背后必然有无辜的人受到伤害。

四

记得大S在节目中说过，她拍电影的时候，会把体重控制在42公斤；而拍电视剧或者主持节目的时候，体重就控制在44.4公斤。

这句话简直引起了媒体界的狂欢。

一时间，铺天盖地的文章都在以此作为素材，来讲女人就应该如此自律。

但恕我直言，一米六几的身高，四十几公斤的体重，真的是健康的吗？

况且，大 S 是演员，她的体重管理标准真的适用于普通人吗？

人家追求瘦的体型，是人家的职业需要，永远不要拿自己的业余水平，去挑战人家吃饭的本领，除了徒增烦恼和焦虑，毫无用处。

还有许多人至今信奉：掌控不了体重，何以掌控人生。

“掌控体重”明明指的是自律，可跟人生扯上关系后，怎么都感觉有些矫枉过正。

然而沉浸在单一审美中的人，并不会觉得这样的观点有何不妥。

“世界是属于瘦子的”，“瘦下来，才会有开挂的人生”，其实都只不过是普通人的自我欺骗罢了。

“胖瘦”和“美丑”并不是简单对应的正比例关系。

最重要的不是外界对你的评判，而是你内心对自己的接纳。

『界限感』究竟有多重要？

界限感的模糊，让父母和孩子都充满焦虑，大家都在以爱之名，彼此捆绑，最后在爱的包围中一起面临窒息。

越是亲密的关系，越是复杂。只有把握好界限，父母和孩子才能在理解中彼此相爱，又彼此独立，活出各自的精彩。

一

突然很想聊聊关于父母和孩子之间“界限感”的话题，如果你也认同我所说的，希望你能把这篇文章给你的父母看看。

还记得几年前，朋友圈被一则“西红柿炒鸡蛋”的广告刷屏。广告内容大致如下。

一个在美国的中国留学生，在下午四点打算做一道西红柿炒鸡蛋带去同学聚会，但是他既不会切西红柿，也不会打鸡蛋，于是想到给妈妈发微信求助。

妈妈先是发了个语音，但他表示听不明白，最后妈妈给他发了个完整的烹饪视频。

男孩成功地做出了西红柿炒鸡蛋这道菜，在接受众人赞美时，有同学问：“中国和美国的时差是多少？”他这才反应过来：妈妈是在凌晨4点起床给他示范如何做一道西红柿炒鸡蛋。

广告视频一出，在大家纷纷吐槽男孩“妈宝”“没良心”“不孝顺”时，我只有一个想法：他不是不懂事，而是缺乏界限感。

什么是界限感？

你有你的空间，我有我的自由；我们各司其职，各得其乐。这就是界限感。

“西红柿炒鸡蛋”虽然只是一个广告，但却是千千万万个中国家庭的真实写照：

孩子一有事不是先自己想办法解决，而是求助父母；父母面对孩子的要求不是先鼓励孩子自己完成，而是有求必应。

这样做的结果只有一个：孩子一辈子离不开父母，而父母没有自己的人生。

二

《南方都市报》发过一篇报道，讲述了一对月薪 6000 元的环卫工父母供女儿留学澳洲的事情。其中提到，女儿考了 7 次雅思才勉强达到分数线，花费数万元。

虽然女孩有奖学金，学费全免，可生活费仍是一笔不小的开销，为了供她出国留学，母亲已经 10 年没有买过衣服，并且由于常年劳作，患上了严重的风湿病。

在这个案例中，我并不是认为穷人家的孩子就没有资格追求梦想，而是为了自己的梦想，赔上父母的人生，这样真的好吗？

缺乏界限感的孩子，就是会这样理直气壮地索取：我要实现我的梦想，爸爸妈妈请为我买单。

回归问题本身，孩子生来是一张白纸，如若他缺乏界限感，究其根本，一定是父母从未给过关于界限感的教育。也就是说，缺乏界限感的孩子，一定有缺乏界限感的父母。

缺乏界限感的父母是怎样的？

曾看过一篇文章《中国式父母，正在用付出毁掉下一代》，其中提到："父母的付出和牺牲没有换来热气腾腾的好日子，反而造成了很多亲子关系的困局。"

中国的父母对孩子可以付出多少？

汇丰银行曾发布过一份全球教育报告：超过 82% 的中国家长已经有为孩子的成功做出"牺牲"的准备，超过三分之一的中国父母几乎完全丧失了个人时间。

他们甚至愿意为了孩子失去自己。

孩子小的时候，24 小时全天候守护照顾，交给谁都不放心，甚至会因为孩子放弃工作。

孩子上学后，除了要照顾其衣食起居，还要操心学习成绩，以至于去陪读。

孩子成年后，担心他们还不能够把控自己的人生，仍然事事过问，事事参与。

孩子有了孩子之后，主动照顾孙子孙女，每天洗衣做饭，伺候一家老小。

从父母无私的付出中，我们看到一个事实：父母虽然没有自己的人生，但也把控着孩子的人生。

父母在毫无保留付出的同时，也在模糊着自己和子女之间的界限。

拿我们生活中常见的场景来说，父母通常会认为：孩子报考哪个大学，在哪个城市工作，和谁结婚，这些都是我们的事，不仅要一一过问，还掌握着决定大权。

孩子会认为：给我买房买车，帮我照顾孩子，这些理所应当都是父母的事。

界限感的模糊，让父母和孩子都充满焦虑，大家都在以爱之名，彼此捆绑，最后在爱的包围中一起面临窒息。

三

心理学大师海灵格曾说过：“好的家庭，一定有界限感。”

可大多数的中国父母一辈子都在围着孩子转，还为自己的付出感到骄傲：看，这就是母爱、父爱的伟大。

而一旦孩子表现出怯懦、无能，他们就会愤怒：都这么大的人了，怎么这点事还办不好？

但父母可曾想过，孩子今天“无能”，正是由于你们过去一次次越俎代庖，一次次跨越界限。

梁文道在《常识》里提到：“但凡见过地狱的人，就知道世间有语言无法形容的虚无，人的感情有不能承受的界限。”

要培养孩子的界限感，首先需要父母能够认清界限：

1. 学会放手。

心理学研究表明，孩子从 3 岁开始就会形成内在价值感，会开始通过一些行为证明自己的存在价值，如果父母事事代劳，只会让孩子产生“自己什么都做不好”的挫败感。

好的父母一定懂得在何时放手，只有不去追，才能培养孩子的独立能力。

2. 给予包容的爱，而不是控制的爱。

曾看过这样一个视频：大雪过后，大地银装素裹，这激起了孩子们的好奇心，让他们忍不住向妈妈要求去外面玩耍。

其中一个孩子的妈妈回答：你可以去，但是必须在我的陪同下，还要穿上防水的棉服。

另一个孩子的妈妈回答：现在太冷了，出去玩雪一定会感冒的，你在家好好待着，我这都是为你好。

很明显，前一位妈妈给予的就是包容的爱，而后一位妈妈给予的是控制的爱。

包容的爱是开放的：我尊重你的选择，也给你提出建议。

控制的爱是狭隘的：我否定你的选择，你必须按照我的意志生活。这种强烈的主观色彩，会让亲子关系失去平衡，总有一方会受到伤害，长此以往，界限感将不复存在。

3. 学会温柔而坚定地拒绝。

拒绝孩子，这是很多父母的一大难题，因为遭到拒绝的孩子一定会反应强烈，甚至哭闹。

可如果不拒绝，就会失去界限，孩子就会不断试探父母的容忍底线在哪里。

而拒绝也是有方式、方法的，拒绝孩子时要温柔而坚定。

坚定和强硬是不同的：强硬是粗暴的，把自己的意愿强加给孩子；而坚定是让孩子明白界限在哪里，且不可逾越。

董洁在《妈妈是超人》节目中，就表现了教科书般的“温柔而坚定的拒绝”。

儿子顶顶因为吃零食没有节制、嗜糖如命，长了蛀牙，董洁用尽各种办法，可是儿子不仅没意识到问题的严重性，还十分不理解妈妈的一番苦心。

后来董洁尝试和他互换身份，让儿子当家长，承担家务、照顾孩子，自己当小孩疯狂吃零食。顶顶作为“家长”批评教育妈妈后，一下子就明白了：妈妈不让我吃太多零食，是担心我的身体健康。

她没有粗暴地教育孩子，而是让他设身处地地明白妈妈的良苦用心。先明确界限，然后通过温柔的方式让孩子知道什么该做，什么不该做。

王梓恒曾在文章中写道：“善良的中国父母已经入侵了孩子的界限，而孩子的界限感在父母的疼爱中开始一步步缺失。”

越是亲密的关系，越是复杂。只有把握好界限，父母和孩子才能在理解中彼此相爱，又彼此独立，活出各自的精彩。

我考上了985，
我自愿996

如果你还没有达到自己工作领域内的“天花板”，请你先沉下心，打磨自己的职业技能，等到你成为顶尖高手的时候，你的工作制是996还是朝九晚五，全是你自己说了算。

没有一份工作是完美的，也没有一份工作是容易的。选择你能承担的，承担你所选择的，才是一个成年人对待工作的最好态度。

关于996工作制的讨论，从2019年年初到现在一直不绝于耳。我也接到了读者们各种各样的提问：

“我刚毕业不久，是选择一份996的工作更好，还是选择一份朝九晚五的工作更好？”

“我现在的工作就是996，太煎熬了，我要换工作吗？”

对于这类问题，我很难给出一个标准答案，因为每个人追求的理想生活是不同的。

比如有的人，就喜欢安稳舒适，觉得工作是为生活服务的，绝不能因为工作而失去生活。

还有的人恰恰相反，会认为年轻就要敢拼，只有多在工作上付出，才能得到自己想要的生活。

我想说的是，这些想法没有好坏之分，只要你享受其中，那它就是适合你的活法。

不过，针对网上很多网友抱怨996工作制，我确实有话要说。

首先，我想问这些网友：既然你这么不喜欢996工作制，那你为什么不换一份工作呢？

答案可想而知，如果不是因为选择有限，谁会在自己不认同的工作体制下工作？

所以，在我看来，与其抱怨一种工作模式的不公，不如让自己修炼得更强大，强大到有足够大的选择权。

我毕业不久，就和大多数北漂一样，在北京过着除了工作一无所有的生活。

那会儿，我是一名新媒体编辑，公司倒没有强制施行 996 工作制，但是工作多到你必须自愿践行 996 工作制。

白天写完稿，晚上还得跟读者互动，周末也不能停。特别是撞上有热点事件发生的时候，那即便是深更半夜，也要爬起来写稿。

也许你会说：那你工资一定很高吧？

其实并没有。那时候我到手的工资只有几千块，除去房租和日常开销，一分钱也攒不下来，还常常需要家人支援。

那我为什么在这样的工作强度下坚持了两年呢？

原因很简单，工作强度虽然很大，但我的成长也是与之成正比的。在 996 工作制的环境下，我体验到了什么叫“撕裂式的成长”。

那段时间中，我几乎每个月都有可圈可点的工作成绩。也是在那两年中，我完成了自己工作能力的积累。

这样辛苦的两年过去后，我整个人脱胎换骨，不再是当初那个身无长物的职场“小白”了，而是无论在工作场合中对接客户，还是在求职市场做职业选择，都能因为有一身过硬的本领而成为掌握话语权的人。

所以，如果你还没有达到自己工作领域内的“天花板”，请你先沉下心，打磨自己的职业技能，等到你成为顶尖高手的时候，你的工作制是996还是朝九晚五，全是你自己说了算。

另外，我还想提醒你的一点是，如果你在很认真地抱怨996工作制，那你也需要想想，这份工作，你是否真的热爱。

因为，当人发自内心地热爱一份工作的时候，不会把它当作一个需要投入和产出成正比的差事，而是把它当作自己的事业。

你会不自觉地在工作上投入更多的时间、精力，哪怕它不需要你加班，你也会出于热爱，自愿让它成为996工作制。

比如，我在刚接触写作的时候就发现，写作可能是我此生最愿意从事的工作了。

那时候，即便领导没有给我布置选题任务，我也会想方设法地找合适的选题来写。而我写作的时间，也通常是周末。

当然了，只有少数幸运的人才能从事自己热爱的工作。如果你不那么热爱你的工作，同时你也无法选择逃避996工作制，那我只能建议你，去工作中找自己的兴奋点。

也许是写出了一篇让客户满意的文案，也许是敲出了一段没有 bug 的代码，总之，找到那个能让你兴奋的点，你才能更好地享受工作的过程。

马云说："能够有一份 996 的工作，是一个人的福报。"第一次看这句话的时候，我也气涌上头，但后来仔细想想，如果真有一份工作，能够让你自愿履行 996 工作制，何尝不是一种幸福呢？

不过，年轻人也许能理解 996 工作制，但很多父母和家里的亲人却无法理解。毕竟在他们看来，你当初那么辛苦地学习，考上了 985，不就是为了过舒服一点的生活吗？怎么还把自己搞得这么累？

起初我也这么想过，也因此怀疑过自己的选择。但现在工作几年之后，我总算明白了，世上没有一份工作是不累的。

即便身体不累，心也会累。

想想那些有着大部分人都会羡慕的稳定工作的人，他们不用担心丢饭碗，也不用担心会有 996 工作制，但他们会有挥之不去的隐隐的焦虑：自己这辈子就这样了吗？人生已经没有可能性了吗？

现在很多人都说：工作是一种修行。

虽然我不能全然认同，但我能理解的是，没有一份工作是完美的，也没有一份工作是容易的。选择你能承担的，承担你所选择的，才是一个成年人对待工作的最好态度。

记得薛兆丰教授曾在《奇葩说》里提到：每个人其实都不是在为公司打工，而是为自己的简历打工。你供职的公司会变，但你的简历是一辈子跟着你的。

这个道理非常质朴，可惜能懂的人却太少。

人们总想着，自己付出的劳动一定要和工资成正比，比如公司给我 5000 元的工资，我就付出价值 5000 元的劳动，一点都不想多付出。

殊不知，这么做的结果就是，你的工资只能日复一日地保持在 5000 元，一点突破的可能性都没有。

与其把给自己定价的权利交给老板，不如把给自己定价的权利交给自己。

唯有如此，才能让你的工资节节攀升，也让你自己越来越有价值。

宅家50天，我想明白了3件事

你永远赚不到超出你认知范围的钱。只要你还想更好、更强，学习新技能是一项永远值得投入的事情。

很多时候，我们会以为希望是等出来的，但其实，希望是挣扎出来的。

再多撑一会，熬下去，很快就能看到天亮。

2020年春，受疫情的影响，我在湖北老家滞留了整整70天。

这70天中，又有约50天是完全足不出户的，在这个过程中，我有过烦躁，也有过焦虑，当然现在的心态是回归了平和。

50天的禁足，足以让一个斗志昂扬的人变得迷茫，也足以让一个原本迷茫的人看清方向。

很幸运，我是后者。

今天就来和你分享，我在这50天中想明白的事。

一、学一门在家也能赚钱的技能，真的很重要

宅家的这50天里，我没有上班，但工作照接，钱也照赚。

虽然依然是赚辛苦钱，但比起想赚钱还没有门路，在家急得团团转的人来说，我已经幸运太多了。

我也看很多公众号发文章写：这次疫情给我们的最大启示，是人人都需要有"睡后收入"。

道理说得不错，但参考性不大。

"睡后收入"，顾名思义，在家躺着睡觉，钱也能自动到账。

一个人的总收入中，“睡后收入”占比越大，也就说明这个人抗风险能力越强。

但仔细想想，你就会发现，普通人想要持续稳定地拥有足以养活自己的“睡后收入”，难度真的挺大。

要么你特别有才华，比如作家，写一本书，能畅销好几年；要么你特别有钱，靠投资理财的收益，过“躺赚”的一生。

但现实是，绝大多数人，终其一生都做不到以上两点。

那怎么办呢？

我的建议是：学一门不受时间、空间限制的技能。如此，也能从容应对各种突如其来的“黑天鹅”事件。

当然，也有一些人，一听到“学习”俩字就头疼。我也见过一些传统行业的企业主，就觉得自己开实体店挺好的，满足于做点线下业务。

你是这样想，但现实不允许呀。就拿这次新冠疫情来说，它来之前会提前给你发信息说“我要来了，你考虑考虑转型”吗？

所以，还是没事早点睡，有空多学习吧。

有句话说得好：你永远赚不到超出你认知范围的钱。只要你还想更好、更强，学习新技能是一项永远值得投入的事情。

二、尝试做一件你认为对，但不一定带来收益的事情

不知道你有没有这种感觉：在别人眼中你过得挺好，混得不错，但你自己总是自我价值感低。

我在行业里被称为“金牌文案”，但我很少在朋友圈发跟自己业绩相关的内容。

当我的一篇文案能给公司带来几十万、上百万的收益时，我一点也不想被别人知道。

我也对自己的这种心理感到奇怪。

但最近我想明白了，这是因为我的价值跟“钱”联系得太紧密了，而我内心并不想这样。

我平时的工作成果就是要直接跟销量、销售额挂钩，而找我做咨询的业内人士也都会主动付我咨询费。

这样时间久了，人会形成一种思维惯性：没有收益的事情，我不会浪费时间在上面。

一方面我内心希望自己不要俗不可耐，另一方面我却又做着无利不起早的事情。

而宅家的这些天，我一下子有了大把的时间，我决定换

个思路，开始尝试去做没有收益，但却能让我感觉到内心富足的事情。

我开始联系救助猫咪的公益组织，希望能够成为他们的一员。

我开始用心运营自己的写作社群，搜集各类征稿信息发到群里，鼓励大家投稿，并免费帮助指导修改稿件。

这个过程，虽然很费时间，但我却因此获得了价值感。

一个人的价值感，不仅在于你创造了多少价值，也在于你帮助别人创造了多少价值。

当你迷茫、无聊的时候，不妨尝试放下那颗功利心，去做一件不一定带来收益的事情，相信你一定会有不一样的发现。

三、没有赚快钱的能力，就得有赚慢钱的心态

过去的一年，我明显感觉到很多人急眼了，看到什么赚钱，就急赤白脸地进场，想要快速捞一笔。

是的，的确有人赚了快钱，比如做知识付费的，比如李佳琦。

但是，做知识付费不是随随便便就能赚到钱的，李佳琦也只有一个。

这类成功经验，往往具有不可复制性。

可惜的是，道理说得再明白，也有人偏偏不服气。

我就认识一家公司，从老板到合伙人都跟内容行业没有一点关系，但他们偏偏要做知识付费。甚至在不了解内容策划流程的情况下，就已经把内容拍摄完了。

在看他们的样片时，我都不知道是该哭还是该笑，真的太荒谬了。

还是那句话：你永远也赚不到超出你认知范围的钱。

靠经济学课赚到钱的薛兆丰不仅自己学识渊博，身旁还有深谙商业之道的伙伴罗振宇。

靠直播身家过亿的李佳琦，他之前是在化妆品柜台工作了 6 年的导购员。

没有人能平地起高楼，也没有人凭空就有赚快钱的本事。

对于大多数人来说，没有赚快钱的能力，就最好有赚慢钱的心态。

亚马逊 CEO 贝佐斯曾问巴菲特："你的投资理念非常简单，为什么大家不直接复制你的做法呢？"

巴菲特说：“因为没有人愿意慢慢变富。”

看了巴菲特的收益图你就会发现，他一生中 99% 的财富，都是在 50 岁之后获得的。

我一直相信质量守恒定律：每个人这一生能赚到的财富都是有定数的，只不过有的人是前期积累，然后一次性提现；有的人是一边积累，一边提现。

对财富有渴望是好事，但前提是你积累的足够多并且能接受自己慢慢变富。

2020 年注定是艰难的一年，对你、对我而言都是不小的挑战。

但越是艰难时候，越是需要埋头苦干、深耕细作。剩下的，就交给时间。

写到这我想起来，和一位好友聊起她的工作时我说：“今年这么难，你咋还这么坚持呢？”

她答：“是挺难的，但还是得再挣扎一下。”

“挣扎”两个字对我触动挺深的。

很多时候，我们以为希望是等出来的，但其实，希望是挣扎出来的。

再多撑一会，熬下去，很快就能看到天亮。

改变人生的不是道理，而是习惯

习惯是有力量的，日积月累的量变，终会在某天爆发，完成质的飞跃。

当你的目标很容易达到，你就能行动起来；当你行动起来，日积月累就会养成习惯；当你养成了习惯，自律就会深入骨髓，成为你人生的“标配”！

在网上看到这样一个提问：有哪些生活小习惯，慢慢地可以改变一个人的性格或者生活？

答案五花八门，但不得不说，有些看起来微不足道的习惯，却会给人带来意想不到的改变：

“静坐。早上六点起床，静坐半小时，再洗漱吃饭，晚上入睡前也静坐半小时。坚持了一年，我感觉精力越来越旺盛，以前脾气大、性格急躁，得罪了不少朋友，现在心态平和了，负能量为零，人际关系改善很多。”

“在地铁上看电子书。原本只是想着打发时间，养成习惯后，发现一年下来能阅读50多本书。现在阅读成为我的一种生活方式，我的谈吐和见识也都得到很大提升。”

“不带手机进卧室。白天在外忙、连轴转，晚上的时间就留给自己。独处让我学会休息和自省。高质量的睡眠让我白天精神百倍，自省让我工作起来思路更清晰。坚持两年后，我不仅实现了职位晋升，体检时各项指标也都达标，我感觉自己的人生都在向上走。”

这些让我想起王尔德说的一句话：“起先是我们造成习惯，后来是习惯造成我们。”

一个人的习惯里，藏着他的命运。

一

去年国庆回老家，见到了久违的老朋友梅子。

她这次回乡，可不仅是陪伴家人，还在当地为父母购置了一套新房，让他们颐养天年。

很快，梅子孝顺的“壮举”就在街坊邻里传开了，大家纷纷夸赞她贴心懂事，年轻有为。

但也有一些声音，听来尤为刺耳：她不过一个二本毕业生，在北京混了几年，怎么突然就飞上枝头变凤凰了？肯定有猫腻。

别人不了解，但我清楚得很，梅子今天的光鲜，都来自她平时一点一滴的积累。

这些年来，她一直有随时随地思考、记录的习惯。

刚毕业那会，她零薪酬去一家大企业实习，名为实习生，其实就是打杂，帮着开发票、打印、取快递，总之没有技术含量的事情，都交给她。

我曾问过她：这样值得吗？

她却给我拿出了她的笔记本，几十页密密麻麻地记录着她每天的思考和总结。

原来，即使没有参与重要工作，她依然在虚心学习。

无论是观察到的工作方法，还是听来的行业内情，抑或是向他人请教的职业技能，但凡对她有所助益的，她都事无巨细地记录在手机备忘录。

晚上回到家，她就把白天的思考内容沉淀下来，写进笔记本里，让自己消化吸收。

聚沙成塔，梅子后来凭借高于普通求职者的认知和过硬的职业技能，成功应聘进入一家还不错的创业公司。

公司机会多，成长空间大，梅子很快得到提拔，但她无论处于什么位置，都始终保持着记录、思考的习惯。

三年来，她的笔记本也有了四五本，能力也在逐步地积累中显著提升。

现在的她，已经成为公司的合伙人，身价翻了 10 倍。

培根说："习惯是一种顽强而巨大的力量，它可以主宰人生。"

的确，很多看似非凡的人生，都是小习惯成就的。

二

著名编剧海岩，被誉为中国“现代言情剧教父”，是中国收入最高的剧作家之一。

可极少有人知道，他是小学学历。

海岩是个苦命的孩子，从小父母离异，读了 4 年小学就辍学了，15 岁那年离开家，入伍当兵。

在成为编剧之前，他是北京第一监狱的伙夫。

但与他人不同的是，他一直有阅读和书写的习惯。

他利用休息时间阅读了大量的书籍，并且用自己的生活经验作为素材，笔耕不辍。

1985 年，他的《便衣警察》出版了，只有小学学历的海岩，因为这部小说获得首届金盾文学奖一等奖。他的人生路从此柳暗花明。

一个人的习惯，往往和他的人生际遇有着因果关系。

王小波早年间在云南插队，每天不是种地就是推粪车，但沉重的体力劳动并没有扼杀他阅读和写作的习惯。

即使在田间劳作，他也利用休息的间隙拼命看书，连农作物栽培手册都看得津津有味。

到了晚上，没有纸，他就在一面镜子上写作，写了擦，擦了写。直到镜面模糊得看不清任何字迹，才肯停笔。

不是一个人优秀了才有好的习惯，而是养成了好习惯，人才变得越来越优秀。

习惯是有力量的，日积月累的量变，终会在某天爆发，完成质的飞跃。

三

也许你会说，你说的我都知道，可是很难做到啊。

其实不然。

《微习惯》的作者斯蒂芬·盖斯告诉我们：设置微小的目标，你就能成为真正的行动者。

盖斯原本也是一个宅男，懒散，身材走形，他很讨厌这样的自己。

于是，他从每天做1个俯卧撑开始，2年后，他发现自己竟然可以一口气做16个俯卧撑，并且身材也变得有型。

尝到甜头的他又把这套方法迁移到写作上，从每天写50个字开始，后来他写出了《微习惯》这本书，畅销全球！

从盖斯身上我们可以明白，想要养成良好习惯，并不需要狠狠逼自己，你只需要每天进步一点点即可。

对自己的这一点点要求，心理上不会觉得困难，实施的成本就会很低，就像爬坡，每次只往前爬一步，日积月累，不知不觉就到了顶峰。

当你的目标很容易达到，你就能行动起来；当你行动起来，日积月累就会养成习惯；当你养成了习惯，自律就深入骨髓，成为你人生的“标配”！

愿我们都能享受好习惯铸就的美好人生，高度自律的你也定不会被世界辜负。

真爱你的人，会这样对你

父母总说一切都好，直到你撞破他们的无助，才深刻明白，他们不过想护你周全。

小时候，父母是为我们遮风挡雨的巨人，我们躲在他们身后，倍感安全；长大后，父母是我们的避难所，我们习惯索取，而他们也习惯给予。

直到看到父母的第一根白发、越来越深的皱纹，我们才会真正明白：我们真的长大了；父母，真的老了。

书里看到一句话“世上最孤独的人类，就是父母”，让我深有感触。

细细想来，的确如此。

年少时，总想着逃离父母，不懂妈妈的叮咛是爱的语言，不明白爸爸的教诲是成长的基石。

青年时，终于能够体谅父母的拳拳之心了，却又因身在千里之外，无法陪他们走过余生里每个平常的日子。

中年时，父母垂垂老矣，却仍在为我们自己和我们的孩子操劳着，而身为子女的我们呢，也懂得了如何去爱他们，可奈何树欲静而风不止……

回首一生，我们和父母之间总是有太远的距离。

很多时候，他们的手已经忙不过来了，但是他们的心却一直在我们身上。

一、父母，是最想保护你的人

小林是独生女，从小被父母捧在手心里养大，19 岁去了离家千里的城市念大学，毕业后也留在了那座城市工作。

女儿离家这么遥远，父母自然割舍不下。

起初，小林的父母每天都要给小林打电话，她也十分思念父母，常常是一拿起电话就聊个没完。

可日子一长，她发现，和父母能聊的话题越来越少了，说来说去总是那么几句：你们今天吃了吗？身体还好吗？

而父母的回答，也总是单调乏味：我们刚刚吃过晚饭啦，身体好着呢，你不要操心我们……

慢慢地，小林和父母打电话的频率，从一天一次减少到一周一次，到后来一个多月才想起来打一次。

就这样，随着和父母之间联系的减少，牵绊也越来越少，父母不再是她生活里的主角了。

直到有一年过年，她放假回家，才发现爸妈口中的“一切都好”是个多么唯美的谎言。

母亲因为洗澡时不小心滑倒，手臂骨折，百余天了还没恢复利落，仍缠着绷带；父亲也因为忙着照顾母亲，累得瘦了一圈。

而这一切，小林全部无从知晓。

她有些埋怨地问他们：“怎么发生这么大的事都不告诉我？”

爸爸却微笑着解释道：“我们年纪大了，有个磕磕绊绊的很正常，你一个人在外打拼不容易，我和你妈也帮不上什么忙，告诉你这些只能让你更担心。”

小林听到这些，想到自己毕业后和爸妈的联系越来越少，甚至连在他们的生日时都不记得问候一声，顿时鼻子一酸，觉得对不起父母……

父母宁愿自己忍受孤独和病痛，也不愿给你增添一丁点麻烦。小林的父母是如此，全天下的父母又何尝不是如此呢！

父母总说一切都好，直到你撞破他们的无助，才深刻明白，他们不过想护你周全。

二、父母，是最疼爱你的人

我想起了邻居李丽。

那时她大学刚毕业，就迫不及待地领着男友回了家。

一顿饭吃完，父母对男友不是特别满意，觉得他言谈举止过于优柔，缺乏果断和担当，两人家庭条件也相差悬殊。

他们劝李丽：“婚姻不比恋爱，两个人如果不能共同分担，到头来受苦受累的怕还是你。”

可眼里只有爱情的李丽，哪里听得进这些话，坚持要嫁给男友。父母拗不过，还是同意了婚事。

然而婚后的日子就像一盆凉水，很快就把她当初的热情浇灭了。

老公忙于工作，很少帮着一起做家务，有时婆婆让她受了委屈，老公也是和稀泥，总让她忍让。

后来有了孩子，要同时兼顾家庭和工作的李丽疲惫不堪。

就在她满腹委屈不知该向谁诉说之时，父母请他们小两口回家吃饭。饭桌上，爸爸借着酒劲对她老公说：

“孩子，咱爷俩唯一的缘分，就是我们爱着同一个女孩。你可能会变，而我永远不变。如果哪天你不珍惜了，我随时准备接她回家。”

听完老爸的话，李丽瞬间泪目。

之后父母也会常常去看她，帮着打理家中大小事，也时不时地劝她：“你丈夫也是第一次为人夫、为人父，有什么做得不好的地方，你要学会通过沟通来解决，两个人共同进步，多点耐心，婚姻才能长久。”

是父母，陪她度过了最艰难的那段时光。

其实不仅是李丽的父母，大部分的父母也都是一样的。他们是我们最坚强的后援军，即便我们在外满身伤痕，他们也永远在我们的身后，默默守护。

有位作家说过："很多时候不是我们去看父母的背影，而是承受他们追逐的目光，承受他们不舍的、不放心的、满眼的目送。最后才渐渐明白，这个世界上再也没有任何人，可以像父母一样，爱我如生命。"

三、父母，是最甘愿为你付出的人

有人说，中国的父母但凡有了孩子，就一生都在为孩子而活。

这让我想到某位读者，跟我讲了这样一个故事。

她今年已经 40 岁了，爸妈也是年近古稀，身体大不如前。可两年前她生了二胎，爸妈还是不辞辛苦地到家里来帮她照顾孩子。

起初她觉得多亏了父母的帮助才能忙得过来，可相处久了，很多问题就暴露了出来：小到孩子的衣食住行，大到父母教育孩子的方式，她都不太认同。

工作和生活的压力，也使得她脾气越来越大。

一次争执过后，她没忍住，对父母说了重话。父母觉得自己没帮上什么忙，还让女儿着急上火，后来便找了一个借口，默默收拾东西，回老家了。

父母走后，她才发现，原来孩子夜里要醒几次、要哭、要喝奶、要小便；原来做宝宝餐是如此麻烦的一件事；原来每天只是换尿布都能占用她这么多时间……

很快，她累得有些撑不住了，小心翼翼地拨通老家父母的电话，话还没说出口，母亲就说："我和你爸想外孙了，你还欢迎我们吧？"

那一刻她意识到，只有父母是最甘愿为她付出的人，并且从不会和她计较。

有句话说得好：父母给予我们来这世上走一遭的权利，用一双巨翼在我们的成长过程中明里暗间地呵护我们，直到瞑目，他们也要在心里为我们挥下最后一把汗水。

小时候，父母是为我们遮风挡雨的巨人，我们躲在他们身后，倍感安全；长大后，父母是我们的避难所，我们习惯索取，而他们也习惯给予。

直到看到父母的第一根白发、越来越深的皱纹，我们才会真正明白：我们真的长大了；父母，真的老了。

2.

职场需要温柔的『狠女人』

在职场，需要有点“自私”

你只有知道自己要什么、不要什么，才能果断排除干扰，朝着自己想去的位置前进。

我们从小接受的教育，都告诉我们“自私”是一个贬义词，但这么多年摸爬滚打的经验告诉我，“自私”是一个中性词。

刚到北京的时候，我入职了一家新媒体公司。公司处于上升期，人少活多，每天早上一到公司，就感觉像进入了战场。

因为人手不够，每个人的分工都不太明晰，常常是写稿的编辑需要做排版，做运营的人需要写稿。

这种情况有利有弊，对于迷茫的职场新人，是利大于弊的，因为你有机会去尝试不同的岗位，然后找到自己擅长并喜欢的工作。

而对于我这种十分明确自己定位的人，是弊大于利的，因为我常常会为自己不想做的事情浪费时间，从而没有时间锻炼自己的核心能力。

最可怕的是，那会公司的知识付费业务开展得如火如荼，我还被安排兼做电话客服。

每天，我一边苦思冥想着选题，一边接用户的投诉电话。有时候刚有了灵感，就被用户一串夺命连环问给问懵了。刚才的灵感也像流星般从脑海划过，然后消失不见。

刚开始我想着，上班没时间写稿，那我就周末写吧。然而事与愿违，我没想到的是，周末我放假，用户也放假，他们闲着没事就愿意打电话挤兑人。

这样一来，我的安心写稿梦彻底泡汤了，每天还要和负能量做对抗。

这样的日子过了几个月，我开始意识到哪里不对。我的写稿能力没长进，怼人的嘴皮子功夫倒是长进不少。可我的职业规划并不是成为一个靠“嘴”赚钱的人呀，我还有一个作家梦呢。

于是，我第一次有了一个“自私”的想法，我跟领导申请不再做客服了，专心做原创内容编辑。

这个念头我是憋了好一阵才说出口的，因为我很怕我的退出会让另外两位同事的工作量增加。

不过好在我的痛点也是其他同事的痛点，大家不仅没怪我，还倒逼公司火速找来一位全职客服。我们几个编辑彻底从对自己来说不太有意义的工作中解脱出来。

打那以后，我才发现，职场真不是需要你忍让、谦让的地方。那些晋升快的人，往往都懂得为自己做打算。

你只有知道自己要什么、不要什么，才能果断排除干扰，朝着自己想去的位置前进。

记得我刚离职那阵，我其实并没有完全脱离公司，因为我还是公司的撰稿人，只不过我的身份从专职编辑转为了自由撰稿人。

很多人说，你这是何必呢，你干着和在职时一样的工作，还得自己交社保，多不划算呀。

表面上看的确如此，但实际上这一转变对我个人来说意义非凡。

首先，我有了拒绝的权利，可以对不喜欢的选题说不。以前工作时最让我苦恼的就是，很多时候身不由己，只要有热点，就得赶紧追；只要是客户喜欢的题材，就得立马写。就算有时候不是自己认同的价值观，只要有爆款文潜质，也得硬着头皮写，还要言辞恳切。

在日复一日的写作中，我发现文字是有张力的，有些文章不管内容多么荒诞，也会有读者被说服。

所以，这更加坚定了我对文字的敬畏之心。可惜在职工作时，我是没有选择权的，只是一个没有感情的写作机器；而成为自由撰稿人之后，我舒坦多了，只为自己相信的事情发声，这大概是我愿意一辈子写作的原动力了。

除了能够拒绝自己不愿意写的选题以外，我可以直言不讳，我的另一个目的就是为了赚钱。以前，我只服务一家公司，现在我还服务它的竞品公司。

于是，又有人给我扣上“自私”的帽子了：你怎么能为了自己赚钱，跑去给竞品公司写文章呢？

对于这种质疑，我只觉得太可笑了。首先，人家那么大的公司，不会因为我一个人的出现而动摇利益的根本，说我破坏市场的人，也是太看得起我了；其次，对我个人来说，能服务的公司越多，才越能证明我的个人价值。就像一个家用电器，只有千万家庭都需要它的时候，它才是一个高价值的物品。

我们从小接受的教育，都告诉我们“自私”是一个贬义词，但这么多年摸爬滚打的经验告诉我，“自私”是一个中性词。

回想一下在职场中，如果老板问你：“怎么样，最近是不是很辛苦？”

大部分人的第一反应都会是：“没有没有，不辛苦。”

哪怕没日没夜地加班，此时连回答问题的力气都快没有了，也要打肿脸充胖子。

但不知你想过没有，老板大多是不亲自参与工作的，他很难评估出每个人的工作量有多大。很有可能就是你说什么，他信什么。如果你工作完成得出色，那无可厚非，但若你出了岔子，他就会想起你亲口说过的“不辛苦”。

所以，我很希望职场人都能学着“自私”一点，当老板问你辛不辛苦的时候，可以实事求是地回答：“是挺辛苦的，但我觉得值得。”

“自私”的人还有个特点，那就是总想着赚钱。

在我看来，想着赚钱从来不是一件可耻的事情，它反而还是一个维持年轻人活力的重要原因。

想赚钱的职场人，肯定也会明白自己的工资、身价都和公司的运营状况挂钩。所以，他们会比一般的员工更卖力地工作。只有如此，才能拼绩效，拿奖金。

只要仔细观察，你也会发现，那些看重自己利益的人和为公司创造利益的人，往往是同一拨人。

这样的人，即使工作上偶尔出现失误，也很容易被老板原谅，因为他始终和公司站在一起，和老板一条心。

任何一个深谋远虑的人，在骨子里都是有点“自私”的。

我想起马云在阿里巴巴 B2B 业务上市的时候，也曾有过“自私”的决策：他在公司上市的第二个月，突然宣布让 4 位高管，也就是阿里的几位股肱之臣去读商学院，理由是他们太累了，需要休息一下。

但明眼人都知道，这不过是个借口，公司进入发展的快车道，无疑需要更得力的人才来支撑，所以不得不让手握重权的几位老臣让位。

马云此举被解读为“卸磨杀驴”“自私”，但说实话，如果不是他如此“自私”的当机立断，不会有如今稳如磐石的阿里帝国。

在职场的人，没有一个不想奔一个好前程。所以奉劝各位一句：自私一点儿，真不是坏事。

『30岁定律』，真有这么狠吗？

人贵有自知之明。年轻时拎不清自己几斤几两，尚且可以理解为年轻气盛。过了 30 岁，若依然如此，便容易眼高手低、登高跌重了。

很多人成不了大气候，不是因为能力不行、机会不够，而是因为过早地选择了安逸的生活，停止了奔跑。

最怕的一种中年状态，就是前半生用尽了全力，却仿佛什么都没有完成，在熙熙攘攘的日子中碌碌无为。

最近常听到身边有人说：“中年危机，已经提前到 30 岁了。”

不能同意更多。

30 多岁的人，大多承担着房贷、车贷，上有老下有小，在职场小心翼翼，生怕一不留神就丢了饭碗。

再看看网上流传的“30 岁定律”：

在职场，上有老板的各种要求难以企及，下有刚毕业的大学生虎视眈眈，向上晋升的空间逐渐变小，被替换掉的可能性却很大；

在家庭，成为家里经济的顶梁柱，拖家带口，琐事缠身，分身乏术，压力重重。

过了 30 岁的成年人，实在太难了。

在我看来，30 岁是道坎，但并不意味着此后只能走下坡路。如果你能避免做以下三件事，便是为自己预留了翻身的资本。

一、错把公司的影响力当成个人能力

朋友琪琪来我家做客，向我吐槽，她在公司工作了 5 年，今年调薪，她不仅没加薪，反而被降薪了。

“我在公司的这几年，工作上没出过一点岔子，公司怎么能这样对待老员工呢？”

她为此心生不满，一怒之下辞职了。

可万万没想到，再想找个好工作却是难上加难。

投出去的简历都能得到回信，却总是在面试的关键环节被淘汰。

原来，琪琪的简历虽然看上去很有含金量，在上市公司工作了5年，也有一些项目经历，但所有的工作内容，她都只是参与者而已。

既没有主导进展和方向，也没有在其中起到关键作用。

简单来说，她这个岗位，不可或缺，但换个人做也一样。

公司需要的是她这个岗位，而不是琪琪这个人。

多么残忍的事实。

可这就是许多人都会犯的一个错误：错把公司的影响力，当成自己的实力。

你的成绩看起来很漂亮，但真正能算到你头上的功劳，又能有多少呢？

记得早些年，郭德纲分享过一件事：

那时他的徒弟岳云鹏小有名气，许多影视剧纷纷找上门来，希望他能客串一些角色。岳云鹏因此觉得自己是个明星了，有些飘飘然。

郭德纲察觉后，劈头盖脸地给他泼了一身冷水：你要记住，你是说相声的，人家找你并不是因为你演戏演得多么好，而是因为你在德云社说相声，用你是为了给他们的戏添彩。

人贵有自知之明。

年轻时拎不清自己几斤几两，尚且可以理解为年轻气盛。过了30岁，若依然如此，便容易眼高手低、登高跌重了。

二、享受安逸，缺乏危机意识

人的拼劲似乎是有保质期的，只存在于刚入社会的那几年。

工作几年之后，特别是结婚成家之后，脑子里紧绷的弦就松懈了。这么一来，很容易把自己置身于尴尬的境地：工作时得过且过，总觉得自己资历老，根基稳固，不需要太拼命。

结果就是资历越老，薪水就越会逼近这个职位的薪酬上限。

当有比你更年轻，工资需求更低的人出现时，你就会有随时被替代的风险。

尽管每个岗位都自有价值，但是价值量的大小显然不同。当企业想要优化人员时，牺牲价值相对较小的员工，可能连顾虑都不会有。

听起来可能很扎心，但这就是真实的商业世界。

所以，当你觉得舒服的时候，反而是危险的时候。

我的一个读者就是个活生生的例子。刚毕业时，她以优异的面试成绩进入一家上市公司，可五年过去了，却因为没什么拿得出手的成绩，仍是职场“小透明”。

但她却觉得自己这样挺好，工资够花，也不用担工作责任，按她的话来说是无事一身轻。

终于在某年年底的时候，公司因为发展求变，开始清退老员工，而她就在被清退的人员名单之中。

企业家郭广昌曾说：“拿着望远镜都看不到敌人，可能因为敌人就在眼皮子底下。”

保持危机感，才是成年人的生存法则。

要知道，很多人成不了大气候，不是因为能力不行、机会不够，而是因为过早地选择了安逸的生活，停止了奔跑。

三、固步自封，不接受自我革命

临近 30 岁，你最需要的不是一份稳定的工作，也不是一份稳定的感情，而是敢于自我革命的勇气。

因为这可能是你这辈子最后的翻身机会了。

想想，等再过个 10 年，你就是货真价实的中年人了。“中年”的帽子一旦戴上，就摘不下来了，并且它有千斤之重。

中年人的无奈就是：所有人都要依靠你，你却没人可以依靠。

所以，趁这样的窘境还没到来之前，来一场自我革命吧。

我的一位前同事，就是最佳范例。

她来自苏北的小城市，大学毕业后听从家人的安排，回到老家从事一份清闲的工作。

可日子久了，她发现这种能一眼望到头的生活并不是她想要的。

于是，她毅然给领导递交了辞职信，决定去大城市闯一闯。

家里人都不理解她的决定：你都快 30 岁了，老老实实在家乡待着不挺好的吗？

可她却不认这个理，带着攒下的 5000 元来到北京，从最基础的工作开始做，从不拈轻怕重。哪怕是让她贴发票，她都能比别人贴得齐整。

除了本职工作外，她还在业余时间努力弥补自己的短板，学习英语口语。

机会从来不会辜负每一个努力的人。

一次，一个外国团队来公司交流，需要一个人来做翻译，可领导询问了一圈，没人敢接这个活，只有她表示愿意尝试。

领导怎么也没有想到，一个平时默默无闻的小文员竟然能说这样一口流利的英语，于是立马开始重视她，给了她更多展现能力的机会。

如今这位同事虽然年过30，但已经是重大项目的负责人了，薪资也翻了3倍。

想成为什么样的人，现在就去对标，取长补短，有什么没实现的梦想，现在就去行动。

即便最后以失败告终，至少还能留下精彩的故事，不是吗？

人最怕的一种中年状态，就是前半生用尽了全力，却仿佛什么都没有完成，在熙熙攘攘的日子中碌碌无为。

越活越值钱的人，都做对了这件事

一个人就是一个公司，你只有不断去做单位价值高的事情，你才会成为越来越值钱的人。

尊重一个人的前提就是尊重他的时间。即便你不愿意付出真金白银，也需要给对方同等价值的资源作为交换。

一

你每小时值多少钱？

大多数被我问到这个问题的人，第一反应都是疑惑不解：“我怎么知道我每小时值多少钱啊，我是拿月薪的。”

其实要算时薪也很简单，如果你月薪 5000 元，一个月工作 22 天，一天 8 小时，那么你 1 小时的价值就是 28 元。

之所以算这笔账，不是为了“扎你心”，而是希望你能树立用时间来衡量自己工作价值的观念。

在自由职业之前，我也曾体会过四处求职的艰辛——基本上把差不多合适自己的公司都跑了一遍，结果却是一场空。不过，不是公司拒绝了我，是我拒绝了公司。因为，其他求职者只看月薪和年薪，而我是看时薪的。

我曾面试过一家“996 工作制”的互联网公司，老板习惯性地摆出一副非常大方的姿态，一见面就说：“我给你年薪 20 万，你下周就来上班吧。”

我当时心里就闪现出无数个问号：什么情况，我还没答应呢。

见我有些迟疑，老板一脸“你别不识抬举”的表情，说：“这个薪资可是高出行业标准的，你还顾虑什么？”

见他趾高气扬，我就没太客气：“老板，这个年薪虽然比我上一份工作高出 30%，但贵公司是每天工作 9 小时，一周工作 6 天，按时薪算其实并没有比我上一份工作的薪资高。”

听我这么一分析，老板瞬间放低了姿态：“哎呀，工资只是一方面嘛，我们公司的福利也很不错的，你再考虑考虑吧。”

我之所以坚持按时薪算工资，并不是在摆架子，而是因为只有当你尊重自己的时间，你才会不断提醒自己去做有持续增量的事情。

我认识的一位前辈就是如此。

他大学学的是生物工程，2008 年，他开始跨行做翻译，常常忙活好几天却赚不到一分钱，时薪 0 元。

2012 年，他成为资深译者，每年翻译上百万字，算下来每小时收入 800 元。

2015 年，翻译这份工作对他来说已经驾轻就熟，一眼就能看见这份职业的天花板，他想去做一份越老越吃香的工作，于是考取了注册会计师，并兼职做翻译，每小时收入 1200 元。

2016 年，他受邀入驻“在行”App，短短数月就成为学习类行家第一名，和他线下聊天1小时，需要支付3000元。

对时薪的关注，让他有了“经营自己”的理念，短短几年时间就让自己从无名小卒成为业内行家。

对于我们来说也是一样。一个人就是一个公司，你只有不断去做单位价值高的事情，你才会成为越来越值钱的人。

二

当你有了时间价值的观念，潜移默化中你也就懂得如何在有限的时间内做最具有价值的事情。

相反，如果你没有时间价值的观念，就很容易落入一个圈套：忽略时间成本，去做低回报的事情。

电商平台拼多多曾有一个营销活动，正是抓住了消费者的这种弱点。该活动的官方解释是：这是一个回馈用户的活动，只要你转发链接到微信，并让你的好友点开链接帮你“砍一刀”，你就能获得现金奖励，现金累计到100元，就能立马提现。

很多人看到“现金”俩字，就顾不上许多了，立马转发到各个微信群，拉下脸面央求好友们帮忙助力。

可是，商家又不笨，怎么可能让用户这么轻松就得到100

元呢？于是，他们想到一个高明的主意：随着助力好友的增多，用户得到的现金数额越来越小。

比如，刚开始，每多一个好友点开链接，你的拼多多里就显示多二十几元，但当这一数值逼近 100 元的时候，再有好友点开链接，就只能涨 1 分钱了。

尽管 1 分钱是杯水车薪，但当你一想到你已经花了这么多时间来做这件事了，并且还差一点点就能提现了，你大概率是不会放弃的。

拼多多这个活动进行得如火如荼的时候，有个前同事在微信上给我发来了链接。我自然是没有理会，并告诉他这是商家的套路。可他却告诉我：这不是骗人的，我表妹已经提现了，你也可以试试。

我当时就问了一句："那你表妹花了多少时间在这个事儿上呢？"他想了想说："大概持续了一周吧。不过按小时算的话最多也就 4 个小时。"

在他眼里，用 4 个小时挣 100 元似乎很划算。

但倘若他稍稍有点时间价值的观念，就会明白，这相当于每小时只挣了 25 元。要知道，现在一个打扫卫生的钟点工的薪资每小时都是 50—200 元。

三

不知你有没有发现，没有时间价值观念的人，不仅很难保持清醒的头脑，还很擅长给别人添堵。

明明约定了见面的时间，他却迟到了，见面后不仅没有一点歉意，而且你若是生气，他还觉得你小气。

明明打字就能说清楚的事情，偏要发一连串的微信语音，让你花时间去一条条听。

你给他发去一条消息，等待半天也没个音信，最后他嘻嘻哈哈地跟你说："不好意思，我用意念回复了。"

我在写作圈有了一点名气之后，还遇到过更加匪夷所思的情况：陌生人通过熟人推荐，请求加我为微信好友。碍于熟人的面子，我不得不加，可是加了之后才发现，对方并不是来寻求合作的，而是单纯来索取的。

"你好，听说你擅长写作，我刚刚入门，有以下几个问题想要请教……"

我大概看了下，他那一连串的问题，真一个个回答下来，花费的时间都够我开一个写作培训班了。

我只好委婉地拒绝：“这些问题三言两语说不清楚，你可以报名线上写作课，系统地学习下呢。”

可没想到，他并没有知难而退，紧接着又发来一条信息：“老师，我不想花钱上课，方便的话，我想跟你当面请教。”

这下我彻底懵了，心里的火气“蹭”地一下就上来了：“Excuse me？咱们是不是有什么误会，让你觉得我的时间是免费的？”

他沉默了一会儿后回复道：“没想到你这么不近人情，不教拉倒。”说完就把我拉黑了。

碰上这样的事情，真挺无奈的。罗振宇曾说：每个人的人生本质是一段时间。时间才是我们最大的成本。可总有一些人，没有这个意识，毫不客气地占用他人的时间，还觉得是理所当然。

就像这位陌生好友，表面上客客气气，打着“虚心请教”的旗号，实则只是想免费“薅羊毛”罢了。

殊不知，尊重一个人的前提就是尊重他的时间。即便你不愿意付出真金白银，也需要给对方同等价值的资源作为交换。

毕竟，每个人的时间都是有价值的，也是有限的，总用人情绑架来占用他人时间的人，早晚要吃苦头。

你不强大，人脉就是个笑话

多埋头苦干，少攀扯关系。

要记住：今天多长一点本事，明天就能少说一句求人的话。

不知道你听没听过这样一句话：人脉就是钱脉。

不管你信不信，反正我是不信的。

因为，人脉的本质是“资源互换”。

如果一个人本身不够优秀，不能给别人提供价值，那么，再厉害的名人到了他的手机联系人名单里，也不过是一个人名。

说白了，互相用得上对方的才是人脉，用不上的，顶多只算认识。

一、认识人多不等于“人脉广”

听朋友讲过这样一个故事。

她们公司之前有位刚毕业没多久的实习生，性格开朗，态度积极，年轻的脸上充满了朝气。

这原本是好事，可她偏偏把满腔热血用错了地方：做事马马虎虎，认识名人倒是分外热情。

领导带她参加活动，她要把在场所有小有名气的人都加个微信好友。

公司组织聚餐，饭局上，她也热衷于跟其他部门的领导“攀关系”。

用她的话来说：多个人脉，多条路。

可她忘了，实习期是有业绩考核的。

眼看着 3 个月快过去了，她的业绩还是没达标。

这下她慌了，向同事求助，却没人愿意搭理她。

向其他部门领导求助，人家也是各种推辞，表示远水解不了近渴。

结果可想而知：业绩未达标，只能灰溜溜地走人。

可悲的是，被辞退之后，她还妄想联系她之前加了微信好友的其他公司的老板，想靠“人脉”解决下一份工作。

但最后得到的要么是拒信，要么是“对方已不是您的好友”。

她也是这个时候才恍然大悟：所谓人脉，真的很现实，你不优秀，认识谁都没用。

就像电视剧《三十而已》的顾佳没法靠一个名牌包就挤进贵妇圈那样，现实中的人也很难靠加微信就融入不属于自己的圈层。

二、“有人脉”不是你认识多少人，而是多少人想认识你

曾听一位前辈分享自己的故事。

十几年前他刚刚出来创业的时候，没有任何人看好他的项目。

眼看着项目亏钱了，很多朋友甚至主动跟他保持距离，不再来往。

在他负债累累、走投无路的时候，曾经的“哥们弟兄”更是没有一个伸出援手。

也是在那个时候，他深刻地明白了：求人不如求己，自己不强大，人脉就是个笑话。

直到前几年他二次创业，一举成功，公司发展欣欣向荣，过去的那些“朋友”才逐渐又聚拢到身边。

还有好多过去他崇拜的人、仰视的人，也都主动来认识他。

这位前辈的经历也让我明白：“有人脉”不是你认识多少人，而是多少人想认识你。

所谓“朋友”，正如“朋”字由两个“月”组成，一样的高度才能是朋友。

不然就算真给你马化腾、李嘉诚、马云这些人的联系方式，你大概也是不可能跟他们成为朋友，从此飞黄腾达的。

三、与其迷信人脉，不如让自己强大

说了这么多，倒不是否认人脉的作用，而是想重新定义它的价值。

人脉很重要，但与其说它是通往成功之路的钥匙，倒不如说它是你成功后的附属品。

因为人脉大多不是积累来的，而是吸引来的。

就像之前有人问作家李尚龙：“你是怎么和报社、出版社关系这么好的？”

李尚龙只是淡淡地说：“等价的交换，才有等价的友谊。”

大家只看到了他表面的人脉资源，却没看到他的人脉是怎么来的。

他在成名之前，四处投稿无门，书稿经常被拒绝。

但这一切在他出了一本畅销书之后，迎来了转机。很多报社、出版社纷纷前来寻求合作。

他的稿子大家都趋之若鹜，再也没人会随便拒绝他了。

所以说，真正有用的人脉，都是靠实力吸引来的。

与其迷信人脉，不如让自己强大起来。

就像作家周国平说的那样：高质量的友谊，总是发生在两个优秀的独立人格之间，它的实质是双方由衷的互相欣赏和尊敬。

你若盛开，蝴蝶自来。

四、多埋头苦干，少攀扯关系

回归我们的日常生活，难免会有需要别人帮衬一把的时候：

去医院看病时，有熟人帮忙要个专家号，可以省去许多麻烦；

孩子上学时，有人帮忙，说不定就能进个好点的学校；

想跳槽换工作时，有人帮忙，就可以走内推通道，增加简历通过的概率……

只是这一切，都建立在你本身也很优秀，也能给别人提供价值的基础之上。

毕竟，谁都不是做慈善的，不会去帮一个只会索取的人。

余生很贵，别把时间花在无用的社交上。

多埋头苦干，少攀扯关系。

要记住：今天多长一点本事，明天就能少说一句求人的话。

靠天，靠地，不如靠自己。

愿你有一天成为别人眼里的“牛人”的时候，能骄傲地说一句：我不追求人脉，因为我就是自己的人脉！

废掉一个人的最好方式，就是让他瞎忙

在职场，你的工资从来不是按照努力程度来算的，而是按照“功劳”来算的。没有实际的产出，你就算再怎么努力，在老板眼里，那都是“瞎忙”。

在做职业选择时，有方向；工作中面临问题时，有方法；与难缠的老板打交道时，有技巧。这样的人在职场上才最有价值。

一

闺蜜聚会时，朋友婷婷给我讲了一件让她无比郁闷的事。

年初时，婷婷在的公司招来一位工作经验不多的新人，小姑娘是 96 年的，人看着机灵，做事也麻利，被分配到婷婷所在的小组。

职场新人嘛，都要从最基础的工作干起，像婷婷他们这些在公司待了四五年的老员工，时常会喊她做些打杂的事。

这姑娘也从不叫苦叫累，交代她的事情常常完成得超出领导预期，就连取个快递都能比别人手脚麻利。

起初老员工们都觉得，有个高效的新人帮忙干活，自己无事一身轻，真挺不错的。

可没想到的是，才过去半年，这姑娘就因为表现突出，被老板破格提拔，成了业务经理。

提起这件事，婷婷就气不打一处来："凭什么她才来半年就能晋升，我都为公司劳心劳力 5 年了，却还是个小基层。"

看着婷婷心绪难平，我多少也能理解。过去被自己使唤的打杂小妹一跃成了自己的领导，这搁谁身上，谁能不难受啊？

可是，回到问题的根本，还是婷婷的问题更大。

“看在是朋友的份上，我说句大实话，你可千万别生气。”我试探着想跟她聊聊自己的看法。

“没关系，你有话直说吧。”她倒也爽快。

“你工作5年仍是基层，你有想过这背后的原因吗？”我问了一个关键问题。

“我当然想过，但真的没想通。我工作也挺努力的，经常加班，有时候周末也去拜访客户。我都这样了老板还不给我升职，我真觉得自己太憋屈了。”

不仅是婷婷，现实中很多人都和她相似，工作明明很努力，却没有得到应有的回报，觉得是自己怀才不遇，是老板蒙蔽了双眼。

其实不然。要知道，在职场，你的工资从来不是按照努力程度来算的，而是按照“功劳”来算的。没有实际的产出，你就算再怎么努力，在老板眼里，那都是“瞎忙”。

二

小米的创始人雷军曾说过：“不要用战术上的勤奋，来掩盖战略上的懒惰。”

什么意思？

打个比方，比如你的工作岗位是销售，需要提高成交量，于是你非常努力地拓展客源，每天都有应酬，马不停蹄——这就是战术上的勤奋。

但在这样脚不沾地的忙碌中，你从来不去思考销售策略，也不学习销售技巧，即便很努力，业绩却依然很差——这就是战略上的懒惰。

在职场，光靠勤奋和努力远远不够，你还需要有谋略、有格局。

在做职业选择时，有方向；工作中面临问题时，有方法；与难缠的老板打交道时，有技巧。这样的人在职场上才最值钱。

我的前同事明明就是最佳范例。

明明来自东北的一座小城，毕业于一所不知名的二本大学。可短短半年时间内，她就成了公司的部门总监。

直到在一次公司内部的分享会上，大家才知道，她平步青云的背后做了多少功课。

她在入行前，就用“红点黑点”的方法分析了自己的优势和劣势，避开了职业选择上的大坑。

入职后，她大量研究思维模式，别人只能提出工作中的问题，她却能针对问题，不断优化工作流程，大大提升执行效果；

她还懂得和领导之间的相处之道，两人亦师亦友，工作配合起来十分默契。

在职场，大多数人其实不是缺少机会，而是缺少把握住机会的能力。

告别瞎忙，有的放矢，让自己越来越优秀，只有这样，当机会来临的时候，才能把它紧紧攥在手里。

三

但话说回来：如何判断自己是否在瞎忙呢？

有位前辈曾告诉我一个方法，可谓屡试不爽——每个月更新一次简历。

在更新简历的过程中，你会不由自主地去思考，过去这一个月，我真的得到成长了吗？成长在哪些地方？还有哪些不足？

就拿我自己来说，刚毕业的时候，我也只是一名普通的新媒体编辑，每天做得最多的事情就是排版。时间久了，排版对我来说驾轻就熟，已然成了一个体力活。

在更新自己的简历的时候，我也发现，只会排版的编辑，真的太容易被取代了。更有竞争力的，是那些有原创能力、能写出好文章的编辑。

我当然会想要再做一些有高价值感的工作，那，怎么争取呢？

平时在做排版时，我会顺便把文章内容都浏览一遍，因此公众号的语言风格、选题方向、素材范围我都了然于胸。

于是我开始尝试自己写文章，上班时间没空写，就下班后写、周末写。

就这样，我很快得到了领导的赏识，成为一名以写原创文章为主要工作的编辑，薪资待遇也跟着涨了不少。

原创文章写了大半年后，我发现自己对写公众号文章已经驾轻就熟，阅读量即便很高也很难让我兴奋了，再后来，我就开始琢磨着写广告文案了。

就这样一步一个脚印，我不断向上，打破自己的“天花板”，使自己的薪资和能力每年都能往上跳一个台阶。

四

也许你会问：那怎样才能告别瞎忙？

最简单有效的方法，就是做职业规划——这件事人人都听过，但不一定人人都做过。

我常听到有人抱怨，找工作面试时，面试官总爱问你的职业规划是什么。可是“职业规划”是一个听上去多么抽象的词啊，谁知道我们将来会走上哪条路呢？

刚毕业时，我也有过同样的想法。

但如今，回首来路，我才发现，职业规划真的太重要了。

如果当初我没有职业规划，肯定到现在也还是一名只会排版的小编辑，每天抱怨工作的无聊。

而有了职业规划，一切都像按图索骥，你知道自己要去哪里，你坚定不移地走向那里，并且全世界都会给你让路。

你的每一次努力，都是有效努力。

你的付出不再只是感动自己，而是能获得应有的报酬和肯定。

告别瞎忙之后，你会发现所谓的迷茫，都是不存在的。

THE WIND RISES

『躺赢』，究竟是种怎样的体验？

你想得到多大程度的自由，就得有多大的付出为此买单。

这个时代的“铁饭碗”，不是你在一个地方有饭吃，而是无论你去哪都有饭吃。有上乘的手艺傍身，就像武艺高强的侠客，行走江湖，没在怕的。

一、你这么拼，到底为了什么？

2019 年 6 月，我做了一个大胆的决定：辞职，回家待着。

混迹职场两年，我在安稳的上市公司“划过水”，也在快节奏的创业公司拼过命。

但我发现，这两种，都不是我想要的生活。

“划水”，无疑是浪费生命的事情，每天无所事事，还要假装自己很忙，周而复始，让人麻木。

拼命，无疑是消耗生命的事情，每天一步入公司，就像步入了战场，“压力山大”，让人痛苦。

不过，当初我到北京的时候，是为了拼搏。我想看看自己的人生还有多少可能，想逼自己一把，看看自己人生的上限在哪里。

但这样的日子过了一两年之后，我突然感觉哪里不对。

每天带着上坟的心情去上班，委屈自己吹捧客户，用来路不明的外卖打发一日三餐，没时间谈恋爱，没时间健身，没时间看书，没时间静下来……

难道这就是我全部的追求吗？答案当然是否定的。

那，我这么拼到底是为了什么？

为了钱？——刨去生活开支，每个月一分钱也存不下来，根本没钱。

为了名？——人人都告诉你，别把平台的影响力错当成自己的实力，能出好成绩都是因为公司厉害，而你一文不值。

为了升职加薪？——在互联网公司，作为一名文案，薪资提升和职位晋升空间几乎是没有的。

为了更好的将来？——在 20 多岁最好的年纪，都无法活得痛快，还指望中年危机的时候能笑傲江湖？

当然还有人说：为了自由。

这个回答很文艺。但是，你管“每天卡在格子间里，面如死灰地敲键盘”叫“自由”，恕我不能同意。

在想通了这一切之后，我选择了回家休息一段时间。

比起 70 岁以后能够随意选择养老院的自由，我更想要 25 岁的此时此刻的自由。

二、做决定前，想清楚自己要的是什么

自由职业，听起来好像很爽，但真的开始之后，我的内

心是很慌张的：我靠什么赚钱？怎样才能有稳定的收入？我还会重返职场吗？我会不会因为信息不对称，被时代抛弃？

每天有无数个问号在我脑海中盘旋。

在最挣扎的时候，我选择了回老家。和家人待在一起，家庭生活温馨惬意，我的精神很快放松下来。

然后我发现，在家仅一周时间，想吃的美食都吃到了，想看的节目一个没落下，游泳两次，爬山一次。最重要的是，还赚到了相当于以前大半个月工资的钱。

这才是生活呀！

自由职业让我体会到：我不是为了未来的精彩而努力，我就是为了此时此刻的生活而努力。

当然，你想得到多大程度的自由，就得有多大的付出为此买单。

如果没有之前几年的努力和积淀，我不会有今天的这份自由，更不会在这里言之凿凿，写着自己有多幸运。

三、怎样才能开始自由职业？真的靠谱吗？

看到我过着滋润的小日子后，很多朋友也问过我：到底怎样才能开始自由职业？

在我看来，自由职业最先需要考虑的，就是你的变现途径。

目前来看，有两种途径最切实可行：一种是资源变现，一种是技能变现。

先说资源变现，如果你之前的工作是销售、市场、商务，那么你的手中一定会积攒着大把的资源，包括但不限于人脉、平台、案例等等。

做自由职业之后，你将不只是服务于一家公司，你可以同时为多家公司提供服务，为他们连接资源，担当“中介”的角色。

再来说说技能变现，技能就是一门手艺，无论你是会写作，还是会设计，只要你有一门看家本领，就不怕没饭吃。

这个时代的“铁饭碗”，不是你在某个地方有饭吃，而是无论你去哪都有饭吃。有上乘的手艺傍身，就像武艺高强的侠客，行走江湖，没在怕的。

不过，自由职业不代表没有压力。

你可能会因为不稳定的收入而感到焦虑，也会思考下一步该何去何从。

但目前看来，这似乎也将成为一种趋势。因为尽管许多岗位不可或缺，但给人的成长空间相对有限，于是，对公司来说，待在基层岗位上的总是新手；对员工来说，无论跳槽去哪个公司，似乎都像是换个工地继续搬砖，没有本质上的区别。

那么，本着趋利避害的原则，企业把工作外包给自由职业者，不仅可以省去培养员工的时间成本，也能保证这部分工作能够被保质保量地完成；而员工解放自己成为自由职业者，不仅能实现时间上的自由，还能让收入来源多样化，不只拿固定工资。

罗振宇说："这就是U盘化合作——自带信息、不装系统、随时拔插、自由协作。"

专栏作家Lache描绘过未来的社会形态：企业只保留核心团队，将绝大多数工作以合作的形式分配出去。绝大多数的个人，将以自由职业者或小型工作室的身份，借由不同的平台跟客户取得联系，并独立为客户提供服务。大多数的职位将彻底消失。

四、"躺赢"，是种怎样的体验？

脱离职场之后，我享受着原汁原味的生活，但也面临着全新的挑战。

挑战一：时间管理

过去，工作时间是老板说了算，上下班打卡，你会很有规律地生活。

现在不同了，每一分每一秒都属于你自己。你偷懒，没人责备你；你勤奋，也没人夸奖你。投入和收入完全成正比。

而人都是有惰性的，我在刚开始自由职业的第一周，就深陷懒惰的大坑无法自拔。每天睁开眼就已日上三竿了，等我迷迷糊糊收拾好开始工作，没坐一会，就该吃午饭了。

这样的日子，真的太消磨人的斗志，会让你觉得，似乎不用那么努力也能活得挺好。

但其实不该如此。

上班你“划水”，可能还能照拿工资；自由职业你“划水”，可能下个月就没钱吃饭了。

所以，我开始严格执行早晨 7 点起床，晚上 11 点半睡觉的作息，保持精力的充沛。

另外，自己做时间管理，有个隐蔽的好处——你可以根据自己的精力来分配时间。

就拿我自己来说，我是个精力不够旺盛的人，比普通人需要更多睡眠，所以我给自己午睡时间定为 2 个小时，下午 3 点才开始后半天的工作。

挑战二：服务客户

过去，有公司作为挡箭牌，你做的一切，都是老板的意思，若你做错了事，自然也有公司为你兜底。

但现在，你一个人就是一个企业。一次的工作失误，也许就会让客户再也不登你的门。

想跟客户建立长期合作关系，不仅要会做事，还要会做人。

当然，比在公司上班好的一点是，你有拒绝的权利。我就有过这样一次经历，对方实在有点无理取闹，我当机立断告诉他：我不要你的钱了，你别来找我了，再见。

挑战三：获取信息

自由职业，意味着你将足不出户。这样一来，很容易出现信息不对称的情况。

业界又有了什么新玩法，同行又有了什么创意，如果你一无所知，那么就别怪时代抛弃你了。

这么看来，社交就变得很有必要。

多和同行聚会，去不同的公司交流，是很好的方法。

这个世界唯一不变的就是“变化”本身，千万别因为固步自封而自毁前程。

五、找到自己的方向

最后，回到我一开始想说的主题：你想要的到底是什么？

如果我所描述的生活不是你想要的，那即使它看起来再美好，你也不必羡慕。

而对我来说，会让我痛苦的不是一事无成，而是像萨拉说的那样："生命是一条美丽而曲折的幽径，路旁有恋花的丽蝶，累累的果实，但我们很少去停留观赏或咀嚼它，只一心一意地渴望赶到我们幻想中更加美丽的豁然开明的大道。然而在前进的程途中，却逐渐树影凄凉，花蝶匿迹，果实无存，最后终于发觉到达了一个荒漠。"

你那么穷，就是因为忙错方向了

都说，时代抛弃你，不会说再见。但事实是，时代抛弃你时，曾拼命跟你打招呼。只是，你忙着赚眼前的钱，全部忽略掉了。

很多时候，你不去努力一把，根本不知道自己的上限在哪里。与其在最好的年纪选择安逸，不如逼自己一把，学一门技能让自己增值。

曾有这样一个词条上了微博热搜：月薪 1 万元和月薪 10 万元最真实的差距。点开一看，里面的内容确实“扎心”：

“一个人月入工资 1 万元，一个人月入工资 10 万元，这两个人的收入差距是 10 倍吗？表面看是如此，但其实不是的。因为里面有一个生存成本。

假设同样是在上海，去除生活成本后，月薪 1 万元的人能存下 1500 元，而月薪 10 万元的人却能存下 75000 元。

这么算下来，月薪 10 万元的人的实际收入是月薪 1 万元的人的 50 倍。”

而这条微博下面被点赞最多的留言是：“能先教我怎么月入 1 万元吗？”

看似是调侃，却说出了很多人的困境。

在二三线城市，很多夫妻的工资加起来都不过万，和那些月入 10 万元的人比起来，差距就不止 100 倍了。

也许你觉得，每天朝九晚五，不愁吃穿，日子也挺滋润的。但事实是，父母的甘于平庸，还会影响到下一代。

高考成绩公布后，有人做了一个简单的统计：85% 的高考状元都出自精英家庭。

说了这么多，相比一味地制造焦虑，我更想做的是为你提供破局思维。

如果你厌倦了这样充满无力感的生活，不想在人生的下一个5年、10年、15年后变成自己看不上的那种人，希望你能耐心看完此文，在下一年，逼自己成为不一样的人。

一、不要只赚眼前的钱

讲一个真实的故事。6年前，我的老同学小熊在一家报社工作。

小熊的撰稿能力很不错，每个月的业绩都是遥遥领先，渐渐在业内也有了一些知名度。

人有了名气，钱就会找上门来。

很多商家都主动找到小熊，希望她能帮忙给自己的产品写广告文案，一篇1000元。

那时候大多数编辑一个月拿5000元的固定工资，相比之下，这个酬劳的确相当诱人了。小熊想都没想，就答应了下来。

每天，完成本职工作她便匆匆回家，开始干“私活”。有时候忙得连饭都顾不得吃。

我们也劝她：别把自己搞得太累了，要给自己留休息的时间。可她从来都是一笑而过，并没有听进去。

到了 2014 年，新媒体全面崛起，单位开始筹划转型，也就是写传统稿件的编辑，都要参加培训，学习如何做新媒体。

大家都积极报名参加，唯有小熊没有报名。问其原因，她说自己私活太多了，忙不过来。

就这样过了半年，报纸销量严重下降，领导决定成立新媒体编辑部，接受过培训的编辑都可以转岗，只有小熊，被领导约谈，最后的结果自然是被辞退。

小熊带着不甘离开了单位，我本以为她可以自立门户，发展应该也还不错。可没想到的是，离开了平台，根本没人知道她的名字，曾经炙手可热的编辑，如今变得无人问津。

人啊，就是这样，常常会被眼前的利益所诱惑，而忘了自己为什么出发。

《三体》中有句话颇有几分道理："百忙之中，下一步闲棋是很有必要的。"

很多人之所以陷入又忙又穷的怪圈，就是因为在埋头忙碌的时候，忘了抬头看看这个飞速变化的世界。

都说，时代抛弃你，不会说再见。但事实是，时代抛弃你时，曾拼命跟你打招呼。只是，你忙着赚眼前的钱，全部忽略掉了。

二、不要迷信“铁饭碗”

过去，我们常说：找工作要找个“铁饭碗”。

但我想说句大实话：真正的“铁饭碗”，不是在某个地方吃一辈子饭，而是无论走到哪都有饭吃。

太过稳定的工作，只会让人丧失斗志。过去，企业对这样的员工还能容忍，可现在许多企业为了生存，都不约而同地做了同一个决定：放弃平庸的员工。

2019年年初时，新东方创始人俞敏洪就曾连发5封邮件剑指平庸管理者：“关于放弃平庸员工，我们首先要放弃的，是平庸的管理者。兵熊熊一个，将熊熊一窝。我们的管理者，从中层到高层，有些人已经变成了没有创新、没有眼光、拉帮结派、懒政懈政的人物，不思进取，没有危机感。”

作家张岑汐曾说：“在瞬息万变的当下，没有哪个职业是‘铁饭碗’，只有不断升级的能力才是‘铁饭碗’，这不再是一个混吃混喝的时代，而是一不小心就被淘汰的时代。”

当然，我并不是唱衰这个时代，相反，世界正在狠狠奖励那些敢于走出舒适圈的人。

就拿参加《乘风破浪的姐姐》的那些女艺人来说，她们在各自领域都算得上很成功了，可她们却偏偏要逼自己一把，走出舒适圈，挑战未知。

即便年龄已经 30 +、40 +、50 +，她们依然在不断“刷新”自己，努力抓住机遇，硬是在年龄已经没有优势的情况下，杀出一条血路，成为时代顶流和全民偶像。

三、不要停止学习

曾在网上看过这样一个故事——

一名想加薪的员工对老板说：“我有 25 年的工作经验。”而老板回应他的是：“你没有 25 年的工作经验，你只是同一个经验工作了 25 年。”

这就是停止学习的后果，而我们很多人也都在犯着同样的错误。

工作以来，我发现很多人觉得走出校门，就可以不学习、过清闲点的日子了。

其实不是的，在学校时，大家都在同一起跑线，而真正的差距往往是毕业后才拉开的。

这就是为什么有这样一种说法：下班后的 2 小时决定你几年后的人生。

下班后打游戏、刷抖音的人，和下班后努力学习技能的人，若干年后，一定是过着不一样的人生。

吴军老师在《见识》一书中说："很多人成不了大气候，不是因为能力不行、机会不够，而是因为过早地选择了安逸的生活，停止了奔跑。"

前文中我提到过的我的前同事明明，就亲身验证了一个不放弃学习的人，究竟能有多大的可能性。

她在短短半年时间内，就从一个初出茅芦的毕业生，成了公司的部门总监。

直到在一次公司内部的分享会上，我们才知道，她平步青云的背后，做了多少功课：

她利用业余时间学习了效率软件，别人需要一天时间完成的工作，她半天就能完成，并且保质保量。

她大量研究思维模式，别人能提出工作中的问题，她就能针对问题，不断优化工作流程，大大提升执行效果。

她还积极学习同行的成功案例，取其精华，来弥补项目的欠缺之处。

……

明明让我明白，大多数人其实不是缺少机会，而是缺少把握住机会的能力。只有不断精进，不停止学习，才能让自己越来越优秀，当机会来临的时候，才能把它紧紧攥在手里。

很多时候，你不去努力一把，根本不知道自己的上限在哪里。与其在最好的年纪选择安逸，不如逼自己一把，学一门技能让自己增值。

相信我，你会爱上那个努力的自己。

毕业2年，收入翻倍，我是如何做到的？

如果在有了工作经验之后，你还拿不到令自己满意的工资，那么要么是公司不行，要么是你不行。

一份你擅长的工作，哪怕一开始做得不太情愿，但在得到一系列的正向反馈之后，你也会因为有成就感而对它产生好感。

也许每个毕业生都听过这么一句话：年轻人找工作，钱不是最重要的。潜台词是告诉你：不要太看重工资。

虽然这句话不无道理，但我更想补充一句：工作 1 年之后，钱就很重要了。

为什么这么说呢？

因为对于应届毕业生来说，工作经验为零，想要一开始就拿高薪，几乎是不可能的事情。但如果你在工作一年之后，还拿不到令自己满意的薪水，这就有问题了。

这可不是危言耸听。因为，工资不仅是薪水，还是公司对你个人价值的评判。在大多数老板眼里，工资往往和一个人的能力成正比。

如果在有了工作经验之后，你还拿不到令自己满意的工资，那么要么是公司不行，要么是你不行。

熟悉我的读者都知道，我刚毕业的时候，也过得很节俭，拿着三线城市的月薪，在北京这样的大都市生活。工资刨除吃穿用度所剩无几，常常还需要家人支援。

好在经过两年的沉淀，如今我不仅过上了不用上班的生活，还做到了毕业 2 年后收入翻 3 倍。我是怎么做到的？听听我的经验之谈，也许能给你一些启发。

一、选择工作的城市很重要

刚毕业的时候，我跟很多应届生的想法一样：找个安逸的二线城市，不仅能发展事业，还能有自己的生活，两全其美。

可事实却给我狠狠打脸了。

到了长沙之后，我才发现，生活的安稳简直就是给人上了麻醉剂，让我懒散得心安理得。

直到我无意间知道了一位已经工作 5 年的同事，她的工资也就比我多 500 元的时候，我才下定决心跳出这锅温水，另谋生路。

人是环境的产物，很多时候，你会成为什么样的人，是有些身不由己的。

在安逸的环境里，即便你本身再有上进心，要不了多久也会斗志全无；相反，在竞争的环境里，即便你没什么野心，也会变得很拼。

这也是我会建议应届生去闯一闯北上广的原因。

当年到了北京之后，虽然我的起薪并没有比在长沙的时候高多少，但是因为个人能力的增强，工资也随之水涨船高。

一年的功夫，算上绩效奖金，我的工资就已经翻了一倍了。

所以说，选择工作的城市，表面是选择自己的落脚点，实际上你还在选择自己的升值空间。

二、找到自己喜欢并擅长的事

你可以试着想一想，什么样的工作能够让人快速升职加薪？

我想答案只有一个：你喜欢并且擅长的工作。

因为只有你发自内心地喜欢一件事，你才会全情投入，用最快的速度创造出价值。

不过话虽如此，真做起来却没那么简单。

在毕业之前，我也曾幻想过，将来我一定要找一份自己喜欢的工作，这样每天都能有满满的幸福感。

但毕业之后我才发现这个想法有个巨大的漏洞，那就是，我不知道自己喜欢的工作是什么。

其实不仅是我，很多人应该都有过相同的体会——刚开始找工作的时候，因为对很多招聘岗位具体的工作内容是什么并不清楚，所以无法判断自己是否会喜欢，只能碰运气。

但大部分人的运气都没那么好，我也是一样，第一份工作我就不喜欢，只干了 3 个月，还没转正就主动离职了。

记得那时候父母还劝我别冲动，但我心里其实很清楚，找工作其实跟找对象是一个道理，不喜欢就赶紧离开，耗下去只会彼此都难受。

工作的头一年，就是用来试错的，不怕找不到好工作，只怕你在不喜欢的工作上蹉跎青春，误了终身。

那问题来了：什么样的工作你会喜欢呢？

关于这个问题的答案五花八门，有人说是符合你兴趣的工作，还有人说是你觉得有价值的工作，但在我看来，是你擅长的工作。

因为人的本性就是如此，一份你不擅长的工作，即便一开始再有热情，最后你也会在一次次的打击中节节败退；相反，一份你擅长的工作，哪怕一开始做得不太情愿，但在得到一系列的正向反馈之后，你也会因为收获了成就感而对它产生好感。

我刚毕业的时候应聘的岗位是互联网运营，可是因为在当时的公司写公众号文章的编辑比较吃香，我就硬着头皮尝试去写文章，没想到的是，我写出的第一篇文章阅读量就过了 10 万。再后来我就不再是被动写稿了，而是主动去找选题，甚至愿意加班写稿——我竟然喜欢上写作了。

有句话说：“当你知道自己要去哪里，全世界都会给你让路。”

找到自己喜欢并擅长的事，我的职业发展道路就平坦多了，2 年后，凭借优秀的作品，我成功跳槽，工资比最开始翻了 2 倍。

三、做有持续成长增量的事

要知道，在职场中，并不是每个岗位都有很大的成长空间。

对于一个写稿编辑来说，当我对文章阅读量超百万、十万都没有任何感觉的时候，我就知道，这件事对我而言没有成长增量了。

如果我继续在这个岗位上待下去，那么写文章这个工作对我来说就会从“脑力活”变成“体力活”了。

对于公司来说，老板也根本没必要给我涨工资了，因为我对公司的边际贡献会越来越低。

而如果我想要继续涨薪，我就必须去做能让老板感到惊喜的事情，而这件事情也能让我持续获得成长增量。

基于这个出发点，我申请了内部调岗，再后来，当我在新的岗位再次感觉没有成长的时候，我提出了离职。

不过这次离职不是因为跳槽，而是因为我有自己的工作室了。

从给别人打工到自己转型当老板后，我再次深刻地体会到，做有持续成长增量的事有多重要。

单干之后，有很长一段时间我依然是在靠写稿赚钱。虽然的确赚钱快，但很明显，如果我只做这一件事情，那跟之前在公司上班并没有本质上的区别。

于是我开始把大部分精力投入到更有挑战的工作中，推出自己的系列写作课程，带领 3000 多位学员从零基础开始学写作，给企业做内部培训……这些事都是我从未接触过的，但在一次次完成挑战的过程中，我深深感受到自己正逐渐变得强大。

没有什么比深刻体会到自己正在成长的感觉更好了。特别是，当我发现自己的收入再次上了一个台阶的时候，我再次在心里确认：如果说有什么事是我一辈子都不会放弃的，那就是成长。

3. 爱情这件小事

去爱一个比自己优秀10%的人

有句话是这么说的：无论你嫁给谁，都是会后悔的。但我想，如果你是嫁给一个比自己优秀10%的人，也许就没这么绝对了。因为，当你嫌弃他的时候，会不经意地记起他的一点好来；当你厌烦他的时候，也会觉得他其实无可替代。

一

我发现我身边总有那么几个姑娘，条件不错，可就是找不着合适的对象。

她们虽然不急，但也会纳闷：我是得罪了月老吗，怎么感觉桃花都这么烂？

朋友米娅就是这么一个姑娘，有不错的工作，人也青春靓丽，可她直到25岁，也没正经谈过一次恋爱。

不过用她的话来说，她单身是她自己的选择，因为虽然她身边不乏追求者，可没有一个是她看得上的。

有一次，我陪她去参加了一场联谊活动，活动结束后，有个浓眉大眼的男生要了她的微信，看样子是对她很有兴趣，想要进一步接触。我当时就悄悄跟她使了个眼色，暗示她这次有戏。

各回各家之后，米娅很长一段时间没和我联系。后来我想起这事，就在微信上问她："你和那小哥哥发展得怎么样了啊？"

没想到她却冷冷地回复我："早没联系了。"

“为什么呀？他看着一表人才，还是交大毕业的，应该还不错呀。”我忍不住追问。

“你还不知道吧，他只是本科学历，月薪才 2 万多，在北京没车没房，根本就配不上我。”米娅发来一段语音，听语气对这个男生极为不满。

“你不也是本科毕业，月薪 1 万，在北京没车没房嘛？”我直白地回了这么一句。

“所以我才要找一个比我强很多的男人，带我飞啊！你是不是傻啊！”听她的语气似乎有些恼了，我没敢再继续聊下去。

但我内心其实已经有句话差点就要发出去了：比你强很多的男人，凭啥要找比自己弱很多的你啊？

二

麻省理工学院的经济学家曾做过一个恋爱实验：找了 100 个实验参与者，50 个男生，50 个女生，然后在每人背后贴上 1 到 100 区间内的数字，男生贴单数，女生贴双数；这些人都能看到别人身上的数字，但不知道自己身上的数字。实验的要求是让大家在有限的时间里找一个异性配对，两个人加起来的数字越大，得到的奖金就越高。

这像极了我们生活中择偶的过程，一开始，大家都不清楚自己的估值，也就是贴在自己背上的数字标签；但却很清楚对方的估值，也就是贴在异性身上的数字标签。本着估值最大化的原则，我们会尽可能去找高估值的人配对，但结果却不会尽如人意。

就像这场恋爱实验的结果，因为数字标签 90 以上的男生大多都找了数字 90 以上的女生组成高分配对。数字标签为 50 以上的女生，大概率就只能找数字为 50—60 这区间的男生配对。

但这个实验忽略了一点：现实生活往往更加残酷——不同阶层的人，几乎不会有任何交集。也就是说，那个比你的数字高很多的男生，你根本不会有机会遇见他。

你放假在家喝“快乐肥宅水”、看韩剧的时候，他背起行囊一个人去了百慕大。

你一边为赘肉苦恼却一边大吃零食的时候，他正在北欧滑雪。

你拿着一点固定工资，还丝毫没有危机感的时候，他已经实现“财务自由”，并筹谋着将个人价值最大化。

童话故事没有告诉我们的是：

热爱旅行、踏遍五洲的人，不会和在家熬夜打游戏的人有共同话题；

从小接受精英教育的人，不会和门门功课不及格的学渣碰出火花；

家境优越、追求生活品质的人，不会被邋里邋遢、素面朝天的人吸引……

优秀的人往往只会被优秀的人吸引。

三

如果找不到非常优秀的人作为伴侣，那婚姻的意义是什么？

人类结婚的目的有过三次演变：为了繁衍后代，为了搭伙过日子，以及为了帮助自己成长。

婚姻的意义对现代人而言已经弱化很多了，很多大龄单身男女不结婚不是因为找不到对象，而是自己本身不想结婚——既然一个人也能过得很好，那为什么非得找个人结婚呢？

显而易见，那些仍然选择婚姻的人，对于婚姻的诉求其实是在期待伴侣能够帮助自己成长。

所以就有了这样一种说法：婚姻是一个人一生中最重要的一次创业。

你不是非创业不可，但如果一旦决定创业，就得找一个合适的合伙人。

所以我的建议是，去爱一个比自己优秀 10% 的人吧。

10% 是最舒服的距离，你无需硬着头皮去高攀，也不用委屈自己去下嫁。

10% 也是看得见、摸得着的距离，你只需再努力一点点，就能与他并肩同行。

10% 更是长久关系的稳定剂，你们能从彼此身上汲取养分，并且姿态毫不卑微。

有句话是这么说的：无论你嫁给谁，都是会后悔的。

但我想，如果你是嫁给一个比自己优秀 10% 的人，也许就没这么绝对了。因为，当你嫌弃他的时候，会不经意地记起他的一点好来；当你厌烦他的时候，也会觉得他其实无可替代。

张小娴说：“人本来就是雌雄同体的，被分成了两部分，终其一生，我们都在寻找遗失的那一半。”

也许，只有当你找到那个只比你优秀10%的另一半，你们才能心甘情愿地、毫不牵强地相拥一生。

如何用互联网思维找到男朋友？

真心想找对象，就得主动出击。

用互联网思维找对象，根本不存在没时间这回事。

我向来主张：不管你是男生还是女生，只要你有了脱单的想法，就一定要主动出击。

可总有一些读者跟我反映：我没时间，没精力，工作环境单一，限制太多，再怎么主动也没用呀！

其实不然。

很多事情，只要你真心想做，就一定会找到办法和途径。

就像我，曾是粉丝数千万级公众号的媒体编辑，工作起来几乎 24 小时待机，可即便如此我也顺利脱单，找到了理想的另一半。

我是怎么做到的呢？

靠熟人介绍？——毕业后才来的北京，几乎举目无亲。

自己出去相亲？——注册相亲网站的会员，费用动辄上万元，我可没那个闲钱。

缘分从天而降？——自认没韩剧女主角的命，自然没做那个指望。

说来我的方法还是比较特别的，我给它取了个名字叫“用互联网思维找对象”，接下来，我就跟你分享一下我的方法论。

一、做好用户画像

在互联网圈里，想要做出一款“爆品”，做好用户画像是至关重要的一步。

那什么叫用户画像呢？用通俗的语言来解释大概就是给你的目标用户贴上标签。

咱们找男朋友的时候，也是一样的道理。也许这个人还未出现，但他一定要在你心里有一个大致的轮廓，比如：多大年龄？外形是什么样的？多高的文化程度？他会从事哪一行业？等等。

如果不做好这一步，你就会发现网上鱼龙混杂，找个男人很容易，找个男友却是大海捞针。

就我个人而言，首先，我理解中好的爱情，一定是势均力敌的，所以我从来没想过高攀或者下嫁。

接着，我对自己进行评估：工薪阶层、硕士学历、长相乖巧。要说亮点，可能就是有一颗文艺的心以及还算有趣的性格。

评估好了自己，就能开始做未来男友的画像了：工薪阶层、学历匹配、长相类似，有文艺方面的兴趣爱好。

有了“男友画像”，接下来我开始筛选各类网站，推测有可能成为我男友的男性群体大概会出没于哪些网站。

陌陌、探探就不用说了，太乱，质量参差不齐；百合、珍爱这样的婚恋网站，太过于传统，大概率不会出现文艺青年。

一番评估下来，我瞄准了豆瓣——以兴趣为聚合的社交网站。这里面聚集了大量高学历的文艺男青年，或许会和我有较高的匹配度。

二、触达更精准的流量池

用互联网圈的行话来说，找到目标网站，就可以准备开始投放了。

不过需要注意的是，互联网中的投放，目的是找到更多的用户以实现用户增长；而我们的投放，目的是只找到那个对的人，所以还需要触达更精准的流量池。

也就是说，只找到合适的网站还不够，范围还需要进一步缩小。

豆瓣兴趣小组千千万，我的男朋友到底在哪里呢？

我很明确的一点是：我完全拒绝异地恋。所以，我选择的小组，就是以地域为聚合的兴趣小组——北京最靠谱谈恋爱小组。

可是，当你打开这个小组，就会非常失望——不靠谱的人简直太多！

有约一夜情的，有只是玩玩的，有来排遣寂寞的。靠谱的当然也有，但聊一两句后，就没话题了，只剩下尴尬。

所以，与其到处搭讪，不如主动出击——发帖征友。让靠谱的人自己找上门来。

三、文案撰写

别看只是发帖子，但这也是技术活。文案是尤为关键的一步。

你的帖子就像一张个人名片，是别人了解你的唯一途径，也直接决定了你会吸引来什么样的人。

举个例子，有的姑娘认为自己长得好看，于是根本不用心写文案，只是发几张美照，就妄想白马王子空降现场。

不得不说，这种做法太傻了。

只看长相的男人，大多肤浅。所以，你用美貌吸引来的人，一定不会是有颜有品的精英。

我构思文案的逻辑很简单：展现自己的优点、表达自己的预期、阐述自己的爱情观。

另外，我会在语言描述中，展现自己的性格特色。下面是文案——

关于我：

1. 美貌不敢说，至少也是集才华与智慧于一身；

2. 爱写作，现在也是以写作为生；

3. 爱音乐，古筝十级，吉他、尤克里里弹唱都不在话下；

4. 会做饭，一个人生活时虽然懒，但对男朋友保证勤快；

5. 女友力 max，温柔体贴，绝对贴心小棉袄；

6. 有自己的朋友圈，不会太黏人；

7. 行走的段子手，有我在身边，绝对不会无聊；

8. 写到这里突然觉得自己太完美了。

希望你是这样的：

1. 理工男最好啦，希望在彼此身上看见不同的世界；

2. 身高 175 厘米以上，我不颜控；

3. 不吸烟，少喝酒，无不良嗜好；

4. 喜欢小动物，因为我有猫；

5. 认真对待感情。

我期待的关系：做彼此最信任的人和最好的朋友，彼此扶持，共同成长。希望你选择我，是因为我是必选项，不想成为谁的权宜之计。

写一篇找男友的文案，有哪些需要特别注意的点呢？

首先，文案标题非常重要，能让你的目标受众定位更加精准，吸引符合相关特质的人进来。

其次，正文一定要用短句、口语化、说重点。另外语言一定要尽量体现出个人特色，比如我性格比较外向开朗，所以语言风格会幽默一点。

最后，对爱情观的表达也千万不能忽略，因为如果他是跟你三观相似的人，就会有被你击中的感觉。

四、用户筛选

到了这一步，就是我们通常所说的“洗粉”了，也就是筛选出合适的约会对象。

不过别急着“洗”，还得先根据私信你的人，来判断你的文案有没有帮你吸引到你想吸引来的人群。

如果没有，请复盘文案，并做文案迭代。如果有，那就可以开“洗”了。

聊不来的、无趣的、长相太……不太能容忍的，都筛选出去。

这一轮筛完，应该不剩几个了。可以考虑加个微信慢慢了解。

没有话题不要紧，不要急着碰撞出火花，要知道，很多优质的男生，不是烈酒，一喝就让你上头。最适合你的人，会像一杯茶，越品，越有味道。越接触，你越会被他吸引。

我和我现在的男友就是这样的，不咸不淡地聊了两周，我们才决定见面。见面时，也并没有发生所谓的一见钟情，只是彼此都有一点好感罢了。我们约着吃了日料，接着一起逛书店。

逛书店时，我发现他很多书都看过，当下对他的好感度就直线上升。最让我触动的是，当我们聊起一些文学作品，他居然和我有相似的见解。那一下，我仿佛感觉到灵魂的那根弦得到了共振。

交往后，可以说我男朋友的用户体验非常好，完全符合我的预期。

我们性格互补：他擅长规划，而我执行力强；他比较内敛，我比较外放；他更细腻，我更粗犷。

我们也有很多共同的兴趣爱好：看书、看电影、写作，等等。

看吧，找对象其实并没有想象中的那么难，我的方法或许你也可以试试。

想脱单，那就去努力啊！

“脱单”最大的克星就是无所作为。只要你开始行动了，你就已经迈出了最难的那一步。

如果你真想脱单，就把它当作工作一样去认真对待吧。先确立目标，然后立项，并寻找解决方案，做到使命必达。

人需要谋生与谋爱，但先谋哪个，是你说了算。

常听做 HR 的朋友跟我吐槽，很多求职者不知道哪来的自信，零经验就敢来应聘，并且人家不接受质疑，先是表决心，再表忠心，实在不行了就展示情怀。这类人连台词都几乎一模一样：我真的很喜欢这份工作，可以让我试一试吗？

可 HR 毕竟久经沙场，往往都会问一句：你既然这么喜欢，那你有为此付出过什么吗？

此问一出，那些打感情牌的应聘者大多就会知难而退了。

“付出了多少”的确可以拿来衡量一个人对某件事的热爱程度。此标准不仅适用于工作，也同样适用于感情。

作为“野生情感专家”，我在生活中也会听人跟我抱怨：我真的好想“脱单”啊，为啥总也遇不到对的人？

我也学会了 HR 的那一招：既然你这么想“脱单”，那你为此付出了什么？

通常被我这么一问，对方都是奇怪的状态：“脱单”不是需要坐等缘分来临吗？怎么也需要付出呀？

—— 这就是很吊诡的地方，我们认同获得一份工作需要付出，得到一笔财富需要付出，却不觉得获得缘分需要付出。

所以许多人都是一边感叹“脱单”的不易，一边又无动于衷。

但 “脱单”最大的克星就是无所作为。只要你开始行动了，你就已经迈出了最难的那一步。

不过，能开始行动的人实在太少了，尤其是女生。倒不是因为懒，而是因为从心底里对这件事不接受。

记得在一次聚会上，同事们聊起各自的生活，一位女同事说自己最近正活跃在社交平台上，想要找男朋友，在座的同事第一反应都是调侃：

“天呀，还有这种操作吗？”

“用不着这么急吧，没了男人不能过吗？”

虽说是玩笑话，却也能听出一丝嘲讽。

相反，另一位女同事则表示自己“不想恋爱，只想赚钱”，她立马得到了截然不同的反馈，大家纷纷赞许，为她加油鼓劲。

聚会结束后，这个场景印在我脑海里久久不能散去。想赚钱真的比想恋爱高级吗？

谋生和谋爱，都是女性最原始、最本能的欲望，本没有高低贵贱之分，却不知从什么时候起被打上了不同的标签。专注事业的叫“独立女性”，频繁约会的可能会被认为是“私生活混乱”；投入工作的会被称赞为“有事业心”，热衷于找对象的会被贬为“恋爱脑”。

可是，许多事情并不是非黑即白的，独立女性一样需要爱情，拥有爱情的女生也一样可以有自己的事业。

然而理智的人总是少数，在自媒体泛滥的年代，太多人被为了夺眼球而断章取义的信息蒙蔽。

曾看过一本女性时尚杂志，上面赫然印着“当代女性独立宣言”：我们的收入足够支配各种花销，无论是车、房，还是手包、钻石，都可以买给自己；周末我们可以呼朋唤友，也可以练瑜伽、做烘焙；我们随时都能自己给自己说走就走的旅行……我们的生活精彩宝贵到不需要任何一个男人来分享。

多么高的论调，多么激励人心的话语，可惜，方向全错。

不可否认独立女性是值得尊重的群体，但哪条规定说独立女性就等于不需要男人了？通过制造性别对立来吹捧独立女性，不仅不是对独立女性的赞赏，而是把这个群体推到“灭绝师太”的位置上——

你不是独立女性吗？那你就得无所不能，也不可以依靠男人。

可事实上，独立女性并不是一个如此扁平化的概念。她们可能是妻子，也可能是母亲，她们也许安静从容，也许外向活泼，她们唯一的共同点不是不需要男人，而是能够不放弃成长，独立自主地做判断。

同样的道理，通过性别对立来宣扬独立女性的价值取向对那些立足家庭、渴望爱情的女性一样不公平。

心理学研究表明，有相当一部分女性是“恋爱体质”，相比于茕茕孑立，她们更需要有伴侣陪伴的生活。

就像打游戏一样，有人擅长单兵作战，有人更希望找个队友。

我自己就是需要队友的那类人。

成年之后，我大部分空余时间都在恋爱，学业和事业不仅没有因此耽误，反而都有所突破。

恋爱是我的定海神针，也是我的学校。从伴侣身上，我总能汲取到自己需要的养分，让自己不断进步和成长。

所以，无论是单身还是恋爱，怎么选都不错，适合自己的才是最好的。

如果你确定了自己想要的是什么，就完全不需要畏首畏尾了，大胆行动就是了。

我认识一位自媒体作者，她就是通过在网上发帖子找到的老公。

她的那篇帖子我看过，很多细节让人印象深刻：

“很多时候觉得一个人也挺好的，找房子、搬家、装修都能自己一个人完成，也没觉得辛苦，只是前段时间心血来潮画了一幅画，开心之余扭头想要找人分享，却发现身边空无一人。这让我觉得，身边有个人，真的很重要。”

不仅是她，生活中的我们大多一样。

之所以渴望爱情，不是因为我们嗷嗷待哺，需要被谁养活，而是我们需要分享，需要被倾听，需要被理解。

只要是合理的需求，就值得被尊重。

如果你真想“脱单”，就把它当作工作一样去认真对待吧。先确立目标，然后立项，并寻找解决方案，做到使命必达。

我们承认，缘分这事有运气的成分，但不是还有句话是“越努力，才会越幸运”吗？

与其幻想着哪天与男神不期而遇，不如主动出击，去把他从人海中揪出来。

你也不需要有什么顾虑，因为人需要谋生与谋爱，但先谋哪个，是你说了算。

『要不我们结婚吧，管他钱不钱』

在爱情中，当安全感足够多的时候，可能就不需要太多物质来填补……

前几天，我收到一位读者的求助：我和男友在一起7年了，可他却因为没钱不敢娶我，其实我根本不在乎这些，到底该怎样才能让他明白这一点呢？

作为一个“野生情感专家”，我虽然无法从心理层面给她任何建议，但我想了想，真诚是最好的沟通方式，于是，我以她的口吻，提笔给她男友写了一封信，内容如下——

大黑：

今天是我们在一起7周年的日子。

7年前的今天，我们还在上大学，同学聚餐时，大家玩真心话大冒险，你被问到：“将来想找什么样的女生做老婆？”你想也不想就指了指我，我瞬间就红了脸。

时隔多年，回想起那个场景，我才回过神，那面红心跳的感觉，就是被幸福击中的感觉啊！

可这么多年过去了，我还是没能成为你的老婆。身边的朋友们有时会说，你八成是要反悔了。

但我心里明白，你是因为觉得自己经济条件不好，买不起房，所以才迟迟不愿给出承诺。说到底，你是怕我受委屈。

感情中，最忌讳的就是“不谈钱或只谈钱”，所以，今天我想跟你谈谈，我对钱、对感情的看法。

都说“好的感情，一定得谈钱”，但在我看来，女人希望男人有车有房，其实不是贪图那一份物质享受，而是需要安全感。

而你给我的安全感，已经足够多了，多到我不需要太多的物质来填补。

记得去年夏天，我贪凉吃多了冰糕，得了急性肠胃炎，你知道后，连忙赶到我的住处，带我去医院吊水。

那天回到家已是凌晨，我昏昏沉沉睡了过去，你却一直留在我身边照料，三小时喂一次药，两小时量一次体温，比我自己还紧张。

还有前年冬天，爸爸突然病倒，我在外地出差赶不回来，火急火燎地给你打电话，接通后你说，你已经替我守在病床前了，让我不要担心。

你知道吗？那一刻，我百感交集，挂了电话就不争气地哭了。

我觉得自己好幸福，能有这么靠谱的男友；同时也很担心，我害怕只是遇见你，就花光了余生所有运气……

所以，我常常觉得，房子、车子，这些物质上的东西都可以慢慢挣，而这么爱我的你，世间却是仅此一个。

但是，亲爱的，我强调感情，并不是说可以忽视金钱。

钱不重要吗？钱当然重要。

有了钱，我们才能更好地经营生活，不用为未来担惊受怕；有了钱，我们才能生养孩子、赡养父母，不用算计着生活。

只是我觉得，许多人忙碌一生，就是为了钱，本末倒置，成了钱的奴隶。

我不希望我们成为那样的人。

作家三毛曾和丈夫荷西有过这样一段对话。

荷西：你是不是一定要嫁个有钱人？

三毛：看得不顺眼的话，千万富翁也不嫁；看得中意，亿万富翁也嫁。

荷西：说来说去你还是要嫁有钱人。

三毛：也有例外的时候。

荷西：如果跟我呢？

三毛：那只要吃得饱的钱。

荷西思索了一下：你吃得多吗？

三毛：不多，以后还可以少吃点。

生活除了钱之外，还应该有别的。

就像三毛嫁给了没什么钱的荷西，两人住进撒哈拉，过上了神仙眷侣的生活。他们去沙漠看晚霞，去海底捕鱼，和原住民打成一片。虽然他们的生活没有大富大贵，但他们的生命体验是丰富的。

和你在一起的日子，我亦是有同样的感觉。

别的情侣周末约会，会花钱吃法餐，而我们会花钱去看看画展、书展，听你给我讲雨果、讲加缪、讲文艺复兴，这“法餐”可比鹅肝、松露有滋味得多。

我们虽然钱不多，但我们的生命体验并不匮乏。

相信到你我日薄西山之时，都会感慨自己充分地活过。

电视剧《双核时代》里有一句台词：“爱情、婚姻都不是以面子去维持，再好的感情、婚姻，也需要金钱来维持。”

所以，即使钱不多，我们也应该过不将就的生活，让钱服务于我们的生活。

就像三毛说的那样，婚姻如果不能落在穿衣、吃饭、数钱这样的小事上，是不能长久的。

我们虽然不能无所顾虑地花钱，但却可以精打细算，花最少的钱，最大限度地提升生活品质。

比如，买精致好看的餐具，在周末的闲暇时光一起下厨，做一顿美味饭菜，慰劳我们自己；家里种些绿植，不需花很多钱，却馨香怡人；周末一起逛逛颐和园、爬爬长城，简单的日子也能过得快活。

林语堂《人生不过如此》中有句话："我们最重要的不是去计较真与伪，得与失，名与利，贵与贱，富与贫，而是如何好好地快乐度日，并从中发现生活的诗意。"

所以，亲爱的，我们结婚吧，只要我们两个在一起，即使生活乏善可陈，我们也一定能把它过得快活。

晓璐

那个和相亲对象结婚的女孩，后来怎么样了？

我们常说，我只有一生，不能慷慨赠与我不爱的人。可如果能在对的时间遇到对的人，又何必拘泥于形式呢？

希望故事的最后，你们相遇在某个饭局，气氛融洽，相处愉快。饭毕，他邀你去看电影，你欣然答应。在电影快结束时，你们默契地牵彼此的手。散场的灯光亮起，你们相视一笑，刹那间，你觉得他是全世界最好的人，而你刚好能够配得上。

每年年底，“你妈逼你相亲了吗”的话题都会如约而至，一次次成为讨论热点。

对于“相亲”，大多数人的内心是抗拒的。原因很简单，正如蒋方舟在《我的相亲史》中写的那样：

“这就是相亲的问题，人在答应相亲的一刹那——甚至还没有见到相亲对象，就把自己摆在一个被面试的位置上不能动弹，被迫以一种从未有过的苛刻而庸俗的标准重新审视自己，而那种标准是你之前奋斗多年好不容易才挣脱开的蜘蛛网。”

的确，相亲让你的颜值、学历、才华、事业等等都被明码标价，像菜市场的蔬菜一样任人挑选。一旦被推入相亲的局，就感觉自己在做“爱情买卖”，浑身不自在。

可是如果拒绝相亲，很可能就面临着年复一年的单身境地，感叹遇见真爱的不易。

我们常说，我只有一生，不能慷慨赠与我不爱的人。可如果能在对的时间遇到对的人，又何必拘泥于形式呢？

一

小雅在姐妹群里公布婚讯的时候，群里像炸开了锅。谁也没料到，在大家眼里“注孤生”的“佛系”少女是我们之中最先结婚的，而且对象是相亲认识的。

一开始，我们都有几分怀疑，担心她是迫于家里逼婚的压力，才选择妥协，接受相亲的安排。

后来一次闺蜜聚餐中，她在饭桌上全无心思吃饭，全程握着手机，手机一震动，就立刻放下筷子，生怕错过了微信消息。

我们劝她好好吃饭，别老玩手机。她却甜滋滋地说：“男朋友的消息一定要秒回，我不忍心让他等。”

我们只能自嘲，非得吃了这口热乎的“狗粮”，才彻底放下心：她不是将就，而是遇到了真爱。

“狗粮”自从吃了第一口，就没停过。之前在群里很少说话的小雅，此后开始活跃起来。她张口闭口都是“我男朋友”——“我男朋友在给我弹钢琴”，“我男朋友给我买的围巾好看吗”，“我男朋友要带我回家见父母了”……

二

我的闺蜜小雅，是大眼睛、白皮肤、小酒窝的面相，非常惹人喜爱。可印象中，我们相识的10年里，她从来没有正经谈过恋爱。

说来也不奇怪，和一般的女生相比，她实在缺乏一点女性的柔软，仿佛电影里的神奇女侠一般，和生活斗智斗勇，百战不殆。

记得高中时，她每天天未亮就到学校复习功课，教室门没开，就翻窗户进去。

高考失利，她干脆连志愿都不填了，第二天就去学校报名复读班。

上大学后，有男生跟她表白，她也从来不理睬，我们劝她："人家痴心一片，你好歹先当朋友处着嘛。"她却"傲骄"地说："我不缺朋友。"

她可以一个人看电影，一个人吃火锅，一个人旅行，不仰望也不回头，生活波澜不惊。在她身上，你不会觉得爱情是必需品，甚至怀疑她的生活原本就与爱情无关。

但我知道，她不是不想恋爱，只是没遇到一个人可以打碎她坚硬的外壳，拥抱她柔软的内心，让她觉得两个人原来比一个人更好。

可如今，谁也没想到，小雅居然通过相亲得偿所愿了。

三

有人说，相亲就是双方的筹码都明晃晃地摆在桌上，权衡利弊，择优录取。可是，现实中由缘分牵引的感情难道就不是这样吗？

相爱容易，相处难。即便一见钟情，在日后的了解中，也会逐渐认识、了解彼此真实的一面。

当花前月下的浪漫变成细碎烦琐的一地鸡毛，能走到最后的，往往还是势均力敌、旗鼓相当的人。

其实，从某种程度上说，相亲只是缩短了衡量彼此价值的过程而已。

美国一位数学家皮特·巴克斯曾用科学分析的估算方式计算出，通过正常的社交关系寻得真爱的概率仅为0.00034%。

可是无论现实再怎么残酷，还是有人喝着“世上一定有一个爱你的人，他一定会找到你，只是你要等”的鸡汤，相信爱情是等出来的。爱情的确不能心急，但这种心态，让我想起七堇年曾在书中写的：

“有人为我们沏了一碗感情深致的热茶／我们却总说来日

方长 / 于是将茶碗搁置 / 待花间一游再回 / 或他处小酌而归 / 以为它仍旧会热香扑鼻……等在那里 / 殊不知这世上回首之间 / 便是人走茶凉”

说真的，生命来来往往，来日并不方长。

四

小雅是个实诚的姑娘，我问她：现在的恋爱是什么感觉？她说：“和他在一起后，我看苦情剧都哭不出来了，因为无法感同身受。”

“爱情是女人的养分”这件事也在她身上体现得淋漓尽致：

万年不变的短发留长了，还烫了卷，整个人显得调皮而灵动；从来不更新的朋友圈乜发得勤了，虽然没有大秀恩爱，但能看出她对生活的热爱和关心；原本崇尚素颜自然美，如今也随身带着化妆镜，记着时不时地补个口红。

小雅的男朋友我在视频里见过，是个身材颀长、笑容温暖的男孩，他搂着小雅笑的时候，让人觉得踏实又美好。

两个人之间的默契与情意，仿佛和那些历经千难万险、终成眷属的情侣没两样。

他不爱逛街，不擅搭配，小雅就提前备好每季所需衣物，并搭配成套；小雅比较粗心，他就每晚睡前仔细检查门窗水电，替她盖好被子后再去睡觉。

他担心忽略小雅，戒掉了玩了多年的游戏；小雅为了给他更多陪伴，爱上了户外运动。

遇见之前，以为爱是轰轰烈烈，爱是炙热的火炭，遇见之后，才明白，爱是经得起平淡的流年。

小雅说他们在一起的这两年，从来没红过脸、吵过架。

的确，好的感情就是这样，不需要谁歇斯底里，也不需要谁用尽全力，只是金风玉露一相逢，便胜却人间无数。

也许你还从心底里排斥相亲的形式，但只有你自己经历了，才会明白怎么遇到的并不重要，重要的是幸好遇到了。

也许你遇见那个人之前，在心里预设了许多条条框框，但只有当那个人出现的时候，你才发现爱情的力量会盖过世俗的衡量标准。

要相信一定有一个人会看穿你假装的冷漠，真正地靠近你，留在你身边爱你，但，也请你给他一个找到你的机会。

希望故事的最后，你们相遇在某个饭局，气氛融洽，相处愉快。饭毕，他邀你去看电影，你欣然答应。在电影快结束时，你们默契地牵彼此的手。

散场的灯光亮起，你们相视一笑，刹那间，你觉得他是全世界最好的人，而你刚好能够配得上。

婚姻的3个真相

好的爱情，不是因为爱一个人的优点，才选择和他在一起，而是看清了他的缺点，依然选择和他坚定地站在一起。

好的婚姻，不是因为对婚姻有无限憧憬，才选择相信婚姻，而是体会了婚姻中的那些枯燥、委屈、琐碎之后，依然选择相信婚姻。

有句话说得好："爱情可以抛开生活去谈，但婚姻不是，婚姻就是生活。"

一旦步入婚姻，少的是花前月下，多的是柴米油盐。即便如此，拥有幸福美满的婚姻，仍然是许多女人最质朴的梦想。

罗曼·罗兰说："世界上只有一种英雄主义，那就是看清生活的真相之后，依然热爱生活。"

其实，不仅生活，爱情、婚姻莫不如此。

好的爱情，不是因为爱一个人的优点，才选择和他在一起，而是看清了他的缺点，依然选择和他坚定地站在一起。

好的婚姻，不是因为对婚姻有无限憧憬，才选择相信婚姻，而是体会了婚姻中的那些枯燥、委屈、琐碎之后，依然选择相信婚姻。

不过，拥有幸福婚姻的前提，是先看清婚姻的真相。但我发现，关于婚姻的这 3 个真相，知道的人太少了。

一、"对的人"其实根本不存在

前阵子朋友佳佳来北京出差，我们约着见了一面。一见面她就告诉我，她离婚了。

虽说他们结婚后就经常闹不愉快，但听说他们离婚了，我还是挺意外的。

要知道，他们可是从学生时代走入婚姻的模范夫妻呀，上学时异地，工作后聚少离多，结婚时父母反对。没曾想这些大风大浪都熬过来了，却没抵住婚姻里日积月累的消磨。

恋爱时，佳佳觉得老公最大的优点就是脾气好、体贴人。

可婚后没多久，她就觉得老公就像变了个人似的，她米饭煮硬了，衣服洗完忘记晾晒，炒菜盐放多了，老公都会埋怨：你怎么连这么点事都做不好。

佳佳也不是吃素的，暴脾气一点就着，本来没多大点事，俩人争吵几个回合下来，都能闹到要离婚的地步。

“可能，从一开始他就不是那个对的人吧。”回顾起这段婚姻，佳佳怅然若失。

“对的人”，这个词听起来多么熟悉。但，到底什么是“对的人”呢？

说到底，这只是一个主观的判断罢了。

相爱时，你们情投意合，看彼此满眼柔情蜜意，仿佛灵魂深处的那根弦得到了共振，你告诉自己：就是他了。

结婚后，激情褪去，当初的浪漫烟花，如今掉落一地，成了满地的烟灰，你开始怀疑：他会不会根本不是“对的人”。

其实事实并非如此。

很多人都把爱情当作一个对象问题，认为找到一个好的对象，自己也能爱得轰轰烈烈，活得潇潇洒洒了。

但弗洛姆在《爱的艺术》中对此进行了批判，他认为，爱不是一个对象问题，而是一个能力问题。

也就是说，世上根本没有所谓的“天生一对”，只有我们愿不愿意因为爱，而去努力成为那个“对的人”。

二、爱情并不会变成亲情

你一定听过这样一种说法：夫妻俩在一起久了，爱情就变成亲情了。

事实远非如此。

爱情和亲情有着本质的区别。

一直认同一句话：亲情，是原本一体的两个人逐渐变得独立，就像我们和父母；而爱情，是原本独立的两个人，慢慢变得不可分割。

爱情就是爱情，绝不会跟亲情混为一谈。

就像黄磊说的："我母亲、我女儿是我的亲人，我妻子永远是我的爱人。我跟我妻子依然是情侣，一生都应该是情侣才对。"

老布什和芭芭拉就是这样的夫妻，他们一生都在恋爱。

1994年，是他们结婚49周年纪念日，老布什给妻子写了一封情书：亲爱的芭芭拉，你愿意嫁给我吗？哦，我忘了，我们49年前就结婚了。1945年的那天我非常幸福，但今天的我比那时更幸福……我已经站在了世界的顶端，但依然觉得我配不上你。

芭芭拉最引以为傲的事是他们为彼此的初恋，即便到了白发苍苍的年纪，她也自豪地说："我丈夫是我一生中唯一吻过的男人。"

真正的爱情，不仅是一蔬一饭，还是不熄不灭的欲望，是支撑我们好好活下去的英雄梦想。

真正的爱情，无论经历多少岁月，都会历久弥新。

而那些感觉爱情变成亲情的夫妻，说到底，是因为爱的动力不足了。

当初他在你眼里是一束光，日子久了，你便觉得这光芒黯淡了。其实，不是他变了，而是你"爱人的能力"下降了。

不要以“老夫老妻”相称，注重婚姻生活的仪式感，你会发现，无论结婚多少年，你依然会一次又一次地爱上他。

三、打败婚姻的，往往是小事

很多人以为，结婚了，对待爱人就可以“随便”点。

可是，多少女人的委屈，都是这样的“随便”造成的啊！

日子久了，当初的浓情蜜意就都变成了一地鸡毛，甜言蜜语也变成了唇枪舌剑。

打败婚姻的，往往是那些不起眼的小事。

一堆没洗的碗、一次忘了晾晒的衣服、一次吵架时脱口而出的伤人的话，都可能成为压垮婚姻的最后一根稻草。

我知道太多夫妻离婚的真相，其实不是不爱了，只是不会爱。

不懂得表达自己的需求，总觉得自己不说对方也能明白。

缺乏共情，吵起架来，总是把话说绝了，把感情说死了。

在婚姻中无所作为，认为只要忍一忍，问题都会过去的。

因为“不会爱”，而把对对方的爱意，生生变成了扎人的刺，让自己爱的人遍体鳞伤，也让自己满腹委屈。

殊不知，婚姻是需要一生经营的事业，而爱也是需要一生学习的课题。

夫妻朝夕相处，难免会有些磕磕碰碰，若是每次有了矛盾，丈夫不仅仅是想着如何把妻子哄好完事，妻子也不只是想着如何让老公顺了自己的心意，而是两个人都愿意暂时抛开眼前的矛盾，去深入探讨出现矛盾的原因，找到一个让两个人心里都觉得舒服的解决办法，那么，这样的婚姻大概会像一艘巨轮，无畏风浪，也能避开冰山。

70%的离婚由女人提出，中国女人为什么越来越『狂』了？

无论男人还是女人，婚姻都是我们人生中最重要的一次创业，好的婚姻会成就你，坏的婚姻会拖垮你。

但愿我们都能在认清生活的真相后，和爱的人一起，彼此依赖，各自精彩。

不知道你发现没，这两年开始，离婚这件事在网络上已经从“丑事”悄然转变成了一件“喜事”。

以前有明星发布离婚消息，消息下方的留言都是哀叹和惋惜；而如今女明星发布离婚消息，网友的留言竟然都是“恭喜”。

有人说，这是社会对女性离婚的包容度提升了。但在我看来，与其归因于社会包容度的提升，不如说是女性群体的又一次觉醒。

最高人民法院曾发布一份婚姻大数据，其中最引起我关注的，是这样一组数据：在中国的离婚案件中，有超过70%的离婚是由女方提出。

因而流传着这样一种说法：中国女人越来越不愿意结婚了；而现在，从数据来看，中国女人还越来越敢离婚了。

中国女人为什么越来越“狂”了？且听我慢慢道来。

一、经济基础决定上层建筑

早在2013年，《柔韧的力量——2012年中国都市女性平衡与选择白皮书》就发布了数据，中国36.8%的都市女性收入在其家庭总收入中的占比超过 50%。

也就是说，近四成女性收入高于自己的丈夫。

传统的中国家庭里，男性是家庭的主要收入来源，女性则会把大部分精力用来照顾家庭。

而随着时代的发展，女性在社会中扮演越来越重要的角色，经济地位稳步提升，自然也有了底气。

网友冉冉曾分享过自己真实的故事。

有一年二月，她满心欢喜地准备和老公一起过个难忘的情人节，可没想到老公说公司临时派他出差。

毕竟是工作，不好推脱，做妻子的也能够体谅。

可好巧不巧，情人节那天，冉冉逛街，意外地发现老公并没有出差，而是和别的女人在一起。

冉冉当时忍住没有发作，却在第二天直接把离婚协议放在老公面前，让他签字。

这下，老公慌了。先是各种发誓保证永不再犯，见冉冉丝毫不为所动后，又开始说教：你都 35 岁了，离了婚，就贬值了，再想找我这个条件的男人，估计没可能了。你多想想吧，我也是为你好。

听完这话，冉冉气不打一处来，干脆打开天窗说亮话：

首先，我离婚并不意味着我贬值了，相反，公司组织架构调整，老板已经约谈我，有意向给我升职加薪。其次，像你这样对婚姻不负责任的男人，条件再好，我也不稀罕。所以，你要是真为我好，就赶紧签字吧！

这几句话让老公哑口无言，只好依了她。

离婚风波过后，冉冉也不无感叹："几年前结婚的时候，我差点放弃工作，现在想来真是好险啊。女人，有钱才有选择权。"

二、受教育程度提升，人生不再只有一个支点

《中国教育报》曾发布一份数据：截至 2015 年，中国女性大学毕业生占 52.1%，研究生毕业生比例占 52.1%。

女性受教育程度的提高，让她们扔掉了思想的裹脚布。

过去，离婚对女人来说是丑事，是人生的不幸；而现在，离婚只是一个人的选择，仅此而已。

受教育程度的提高，也让女性的人生有了更多可能。

我特别喜欢作家李筱懿的一个观点："别做只有一个支点的女人。"意思是，你的人生除了婚姻，还应该有点别的

什么。

可是在过去，这对很多女人来说是不现实的。因为她们一结婚就只能围着灶台转，家庭生活就是她们的全部，是她们人生唯一的支点。

所以，夫妻没有感情了，她们可以忍；丈夫出轨了，她们可以忍；甚至遭受家暴了，她们也选择忍。

而现在，受教育程度的提升，让女性除了埋首于婚姻旦的一地鸡毛，还能抬头看看更广阔的世界。让女性的人生除了有婚姻，还有事业、智识。

她们的人生即使少了婚姻这个支点，依然可以活得快活。

三、夫妻不能协同进步，男人的婚姻观跟不上女人的意识觉醒

罗振宇曾在《知识就是力量》中提到一个观点：夫妻离婚最常见的原因归结起来就是两人成长不同步，没能做到“协同进化”。

随着女性意识的逐步觉醒，当今时代的婚姻已经不再是讲究你有多少条件我有多少条件，只在一起搭伙过日子的老

旧模式。

大量的数据都表明，如今的中国女性越来越不依赖男性，具有更加强大的独立生存能力。

可问题是，女性越来越不依赖男性了，而很多男人却还想找个免费保姆。

在电视节目《中国式相亲》里，这个问题被反映得淋漓尽致。

节目中，男嘉宾和父母们像挑选菜品一样挑选女嘉宾：

长得漂不漂亮？结没结过婚？会不会做家务？这些统统成为高频率出现的关键词。

而女嘉宾的学识、气质、内涵，却往往被忽略。

很明显，关注点的倾斜，代表了男方家庭还保留着传统的婚姻观念：妻子应该躲在丈夫背后，更多地承担家庭责任。

但就像马薇薇在电视节目《黑白星球》中说的那样：之所以有过去的那套家庭观念，是因为女性没有独立的生活能力。

现在女性经济独立了，带孩子、做家务等家庭责任理应共同分担。

而现实中，一些丈夫还做不到这一点。

这也就导致了夫妻没有“协同进化”，婚姻最终分崩离析。

无论男人还是女人，婚姻都是我们人生中最重要的一次创业，好的婚姻会成就你，坏的婚姻会拖垮你。

但愿我们都能在认清生活的真相后，和爱的人一起，彼此依赖，各自精彩。